东南土木·青年教师·科研论丛

人工智能技术在建设工程争议解决中的应用

成于思　著

国家自然科学基金青年科学基金(No.71601047)

中国博士后科学基金(No.2015M581706)

中央高校基本科研业务项目(No.2242017K40216)

U0253193

东南大学出版社
SOUTHEAST UNIVERSITY PRESS

·南京·

内 容 提 要

建设工程争议的频繁发生降低了建设项目的效率,浪费了工程资源,对项目产生负面影响。同时,在工程争议解决的过程中,相似的问题经常重复发生,如何从过去的争议中提取有用的信息,提高工程争议解决效率,甚至减少争议的发生,引起了研究人员的广泛关注。本书将人工智能技术引入工程争议领域,构建工程争议案例库,对争议案例进行关联规则挖掘和争议结果预测,为工程争议解决提供了全新的思路。本书提出的法律论证图式模型推动了工程争议的法律推理过程的结构化建模,是争议解决领域智能化的基础;利用关联规则挖掘得到的工程质量缺陷之间的规律,可以在施工之前起到预警作用,防止缺陷发生,进而预防缺陷争议的产生,而在工程质量争议已经发生的时候,可以预测缺陷的原因和责任方;预测工程争议结果帮助争议双方了解输赢的可能性,一定程度地减小在争议上的支出。本书构建的案例库可以成为工程索赔研究和工程法律研究的基础平台。

本书可供工程争议、人工智能、法律推理等领域的研究人员和工程合同管理及工程法律从业人员参考使用。

图书在版编目(CIP)数据

人工智能技术在建设工程争议解决中的应用/
成于思著. —南京: 东南大学出版社,2018.10
(东南土木青年教师科研论丛)
ISBN 978-7-5641-8030-0

Ⅰ. ①人… Ⅱ. ①成… Ⅲ. ①人工智能-应用-建筑工程-研究 Ⅳ. ①TU18

中国版本图书馆CIP数据核字(2018)第229008号

人工智能技术在建设工程争议解决中的应用
著　　者　成于思

出版发行	东南大学出版社
社　　址	南京市四牌楼2号　邮编:210096
出 版 人	江建中
责任编辑	丁　丁
编辑邮箱	d.d.00@163.com
网　　址	http://www.seupress.com
电子邮箱	press@seupress.com
经　　销	全国各地新华书店
印　　刷	江苏凤凰数码印务有限公司
版　　次	2018年10月第1版
印　　次	2018年10月第1次印刷
开　　本	787mm×1092mm　1/16
印　　张	9
字　　数	225千
书　　号	ISBN 978-7-5641-8030-0
定　　价	38.00元

本社图书若有印装质量问题,请直接与营销部联系。电话(传真):025-83791830

序

    作为社会经济发展的支柱性产业,土木工程是我国提升人居环境、改善交通条件、发展公共事业、扩大生产规模、促进商业发展、提升城市竞争力、开发和改造自然的基础性行业。随着社会的发展和科技的进步,基础设施的规模、功能、造型和相应的建筑技术越来越大型化、复杂化和多样化,对土木工程结构设计理论与建造技术提出了新的挑战。尤其经过三十多年的改革开放和创新发展,在土木工程基础理论、设计方法、建造技术及工程应用方面,均取得了卓越成就。特别是进入 21 世纪以来,在高层、大跨、超长、重载等建筑结构方面成绩尤其惊人,国家体育场馆、人民日报社新楼以及京沪高铁、东海大桥、港珠澳桥隧工程等高难度项目的建设更把技术革新推到了科研工作的前沿。未来,土木工程领域中仍将有许多课题和难题出现,需要我们探讨和攻克。

    另一方面,环境问题特别是气候变异的影响将越来越受到重视,全球性的人口增长以及城镇化建设要求广泛采用可持续发展理念来实现节能减排。在可持续发展的国际大背景下,"高能耗""短寿命"的行业性弊病成为国内土木界面临的最严峻的问题,土木工程行业的技术进步已成为建设资源节约型、环境友好型社会的迫切需求。以利用预应力技术来实现节能减排为例,预应力的实现是以使用高强高性能材料为基础的,其中,高强预应力钢筋的强度是建筑用普通钢筋的 3～4 倍以上,而单位能耗只是略有增加;高性能混凝土比普通混凝土的强度高 1 倍以上甚至更多,而单位能耗相差不大;使用预应力技术,则可以节省混凝土和钢材 20％～30％,随着高强钢筋、高强等级混凝土使用比例的增加,碳排放量将相应减少。

    东南大学土木工程学科于 1923 年由时任国立东南大学首任工科主任的茅以升先生等人首倡成立。在茅以升、金宝桢、徐百川、梁治明、刘树勋、丁大钧、方福森、胡乾善、唐念慈、鲍恩湛、蒋永生等著名专家学者为代表的历代东大土木人的不懈努力下,土木工程系迅速壮大。如今,东南大学的土木工程学科以土木工程学院为主,交通学院、材料科学与工程学院以及能源与环境学院参与共同建设,目前拥有 4 位院士、6 位国家千人计划特聘专家和 4 位国家青年千人计划入选者、7 位长江学者和国家杰出青年基金获得者、2 位国家级教学名师;科研成果获国家技术发明奖 4 项,国家科技进步奖 20 余项,在教育部学位与研究生教育发展中心主持的 2012 年全国学科评估排名中,土木工程位列全国第三。

    近年来,东南大学土木工程学院特别注重青年教师的培养和发展,吸引了一批海外知名大学博士毕业青年才俊的加入,8 人入选教育部新世纪优秀人才,8 人在 35 岁前晋升教授或博导,有 12 位 40 岁以下年轻教师在近 5 年内留学海外 1 年以上。不远的将来,这些青年学者们将会成为我国土木工程行业的中坚力量。

    时逢东南大学土木工程学科创建暨土木工程系(学院)成立 90 周年,东南大学土木工程学院组织出版《东南土木青年教师科研论丛》,将本学院青年教师在工程结构基本理论、新材料、新型结构体系、结构防灾减灾性能、工程管理等方面的最新研究成果及时整理出版。本丛书的出版,得益于东南大学出版社的大力支持,尤其是丁丁编辑的帮助,我们很感谢他们对出版年轻学者学术著作的热心扶持。最后,我们希望本丛书的出版对我国土木工程行业的发展与技术进步起到一定的推动作用,同时,希望丛书的编写者们继续努力,并挑起东大土木未来发展的重担。

  东南大学土木工程学院领导让我为本丛书作序,我在《东南土木青年教师科研论丛》中写了上面这些话,算作序。

中国工程院院士:吕志涛

2013.12.23

前　言

随着建筑业的改革开放和工程建设规模的不断扩大,建筑业已成为我国国民经济的支柱产业之一。然而,缺乏对信息技术的重视和利用成为建筑业劳动生产率一直低于制造业的原因之一。同时,由于建设工程频繁的变更导致了工程争议的不断发生,降低了正常工作的效率,浪费了工程资源,对项目产生负面影响。工程争议使得合作双方关系紧张,同时,原本被用于按质按量完成工作的各种资源,如金钱和时间,都被投入到争议解决中。当争议升级时,可能出现中止合同、合作破裂的结果。根据上海市第二中级人民法院审判白皮书可知,2009年共受理建筑工程纠纷204件,受案标的总额8.21亿元。按照平均一个案件4 000万元估计,仅审理费用和律师费用大概需要花费2.6亿元(按分段累计计算得到)。

争议从发生到解决是一个决策过程,其中包括了发现问题、分析问题和做出决策。在工程争议领域,相似的问题经常重复发生,而过去的解决方案可以给当前争议管理提供帮助。从过去的争议中得到的有用信息,如某些特定的条件导致了怎样的问题等,可以对当前的工作提出预警,减小争议的发生概率。有效地利用信息技术可以从过去的争议案例中挖掘知识和经验,进而提高管理水平,预防争议发生,而当争议已经发生时,迅速找到解决方案,促进双方达成一致,减少在争议解决上的花费,最终帮助工程建设高效平稳地进行。

研究从收集整理已发生的工程争议案例开始。从公开的法院裁判文书库中下载工程争议判决书,经过整理后得到与本研究相关的219份争议解决样本。利用统计分析方法和工具初步分析样本数据,得到工程缺陷分布情况、争议论证过程中证据使用的分布情况和项目属性的分布情况。对样本进行相关性检验得到结论:业主是否从事房地产相关业务影响了项目缺陷上的费用;业主是否从事房地产相关业务与工程变更争议判决结果无关;合同类型与工程变更争议判决结果无关。

尽管判决书蕴含了争议解决的有用信息,但由于判决书属于非结构化数据,而非结构化数据的分析和处理技术目前还处于初始阶段,因此,利用数据库的数据模型构建方法将判决书中的文本信息转换为计算机可处理的数据形式。判决书中记载的信息有三种:争议基本信息、争议中的法律论证过程信息和争议涉及特定工程信息,分别建立三种关系数据模型。其中的法律论证过程信息是人工智能中的逻辑推理模型与法律推理方法的结合,而本书针对建设工程争议的特点,进一步归纳总结出工程争议解决中常用的16种法律论证图式。工程争议案例库是本研究的基础,后续的人工智能技术(如关联规则挖掘算法和预测算法)都是针对案例进行分析,提取有用信息。

在建设工程质量争议解决过程中,质量缺陷的原因极大影响争议双方的责任分配。而已构建的争议案例库中的争议涉及特定工程信息中记载了质量争议中质量缺陷的因果关系。以争议案例中的信息为样本,利用关联规则挖掘算法进一步分析工程质量争议中质量缺陷的关联性,为质量缺陷的责任分配决策提供帮助。在分析过程中,为了解决工程争议的数据稀疏性问题,在已有的 Apriori 算法基础上,构建分层信息模型,更加灵活地提取工程质量缺陷和质量缺陷因果关系的规律。

本书的第六、七、八章分别利用人工智能技术中的决策树算法、神经网络算法和贝叶斯分类器三种技术预测工程变更争议的判决结果。从争议的论证图式中提取出影响判决结果的因素,建立判决案例集。在决策树算法设计中,针对工程变更争议输入样本的模糊性,构建基于迭代的模糊决策树构造过程。在利用神经网络算法预测工程变更争议的判决结果中,对比分析了 BP 神经网络和概率神经网络的性能,同时,针对工程变更争议的模糊性,改进了 BP 神经网络的输入输出参数,并对输入样本进行预处理。在贝叶斯分类器设计中,对比分析朴素贝叶斯分类器、TAN 分类器和贝叶斯网络分类器。最后,对比分析了三类预测方法的性能指标,以及各自的适用场景。

本书的意义包括:提出的法律论证图式模型推动了工程争议的法律推理过程的结构化建模,是争议解决领域智能化的基础;利用关联规则挖掘得到的工程质量缺陷之间的规律,可以在施工之前起到预警作用,防止缺陷发生,预防缺陷争议的产生,而在工程质量争议已经发生的时候,可以预测缺陷的原因和责任方,辅助分配责任;预测工程变更争议结果可以帮助争议双方了解输赢的可能性,据此做出协商还是坚持己方主张的决策,一定程度上减小双方在争议上的支出;从实际判决中可以看到各法律因素的不同取值下判决结果的不同,进而对比得到法官给各因素的不同权重,更好地理解合同和法律条款的规定。本书构建的案例库可以成为工程索赔研究和工程法律研究的基础平台。以本案例库为基础,可以加入不同种类的争议案例,如场地条件争议等;可以考虑其他的推理模型的应用,如基于案例的推理(CBR)模型等;可以开发各种模块以满足不同的使用需求,如教学、论证过程自动化等。

本书是在笔者博士论文的基础上进一步完善而来的,导师李启明教授在本书的完成过程中一直给予关心并提供了重要的指导,在此一并表示深深的谢意!

在本书的写作过程中,参考了许多国内外相关专家学者的论文和著作,已在参考文献中列出,在此向他们表示感谢!对于可能遗漏的文献,在此也向作者表示歉意。

建设工程争议管理的智能化研究是一个全新的方向,如果广大学者和法律实务界工作者能在本书中得到启发,笔者不胜荣幸。同时书中难免有错漏之处,敬请各位读者批评指正,不胜感激!

成于思

2018 年 8 月于东南大学

目　录

第一章　绪　　论

1.1　研究背景

随着我国经济的发展,建筑业逐渐成为经济系统中的重要组成部分。2006 年以来,建筑业增加值占国内生产总值(GDP)的比重始终保持在 5.7% 以上,2015 年达到 6.86%,建筑业企业从业人数在 2015 年达到 5 003.4 万,占全社会就业人数的 6.46%[1]。然而建筑业的劳动生产率却远远低于制造业的劳动生产率。以 2007 年为例,建筑业劳动生产率是 31 733 元/人,而制造业达到 137 083 元/人。制造业劳动生产率在 2006 年比上一年增加 18.4%,2007 年比 2006 年增加 20.1%。相比之下,建筑业劳动生产率在 2006 年比上一年增加 10.4%,2007 年比 2006 年增加 12.5%。后者的增幅和增速都要小于前者[2]。低效的生产阻碍了建筑业的健康发展。

造成这种现象的原因除了行业自身的特点以外,信息技术在建筑业中的利用和开发要远远落后于制造业。工程项目建造过程中的大量资料、遇到的问题和解决方案以及各方的沟通信息等很少被妥善存储和再次利用。实际上,尽管建设项目具有一次性和不可逆性等特点,然而 80% 以上的建设项目知识在重复使用[3]。将建设过程中有用的经验和知识有效地管理起来,从中提取新的知识,解决新的问题,这样既可以提高工程建设效率,也可以创造更多的价值。

建设工程中的合同争议被认为是稀缺资源的浪费,对工程建设效率产生不良的影响[4]。争议使得合作双方关系紧张。同时,原本被用于按质按量完成工作的各种资源,如金钱和时间,都被投入到争议解决中。当争议升级时,可能出现中止合同、合作破裂的结果。尽管如此,合同争议却几乎无法避免。Ren Z. 指出,52% 的英国建设项目中发生索赔或争议,索赔涉及的金额超过 10 亿英镑,83% 的承包商要求工程延期。Pena-Mora 发现,美国平均每年工程冲突和争议的花费达到 5 亿美元。我国关于工程纠纷解决的费用没有具体的统计数据。根据上海市第二中级人民法院审判白皮书可知,2009 年共受理建筑工程纠纷 204 件,受案标的总额 8.21 亿元。按照平均一个案件 4 000 万元估计,仅审理费用和律师费用大概需要花费 2.6 亿元(按分段累计计算得到)。

争议从发生到解决是一个决策过程,其中包括了发现问题、分析问题和做出决策。在工程争议领域,相似的问题经常重复发生,而过去的解决方案可以给当前争议解决提供帮助[5]。从过去的争议中得到的有用信息,如某些特定的条件导致了怎样的问题等,可以对当前的工作提出预警,减小争议的发生概率。有效地利用信息技术可以从过去的争议案例中挖掘知识和经验,进而提高管理水平,预防争议发生,而当争议已经发生时,迅速找到解决方案,促进双方达成一致,减少在争议解决上的花费,最终帮助工程建设高效平稳地进行。

1.2　问题的提出

建设工程合同争议降低了正常工作的效率,消耗了额外的资源,对工程项目产生了负面的影响。然而合同争议又频繁发生,几乎无法避免。其主要原因包括:发包人和承包人的利益不一致,发包人希望降低成本,承包人希望提高利润,当风险事件发生时,都希望能规避风险;建设工程时间长,建造环境复杂,不确定性因素多,而事先签订的合同无法考虑到未来的所有状况,也无法明确地描述各种权利和义务[6];业主要求的变化导致大量的工程变更等[6-7]。

常见的工程合同争议有工程变更争议、延期付款争议、工期延迟争议、工程质量缺陷争议、不同场地条件争议、设计错误争议、恶劣的天气条件争议、合同条款解释争议等。其中工程质量缺陷争议涉及工程使用安全和使用价值,对发包人和使用人而言非常重要。而工程变更争议经常发生,直接影响到承包人的利润和发包人的投资,因此也很重要。工程质量缺陷争议判决书中记录了引起争议的工程缺陷的信息(包括位置、特征和材料等)、引起缺陷的原因(包括施工技术问题、维护不当、材料缺陷和设计缺陷等)、发包人证明承包人原因或承包人承担的风险导致缺陷的过程和承包人辩护的过程。工程变更争议判决书中记录了权利主张人证明过程和被告人辩护的过程。同时,判决书还记录了法官在面对各种不同情况时如何做出判决的过程。

从以上的分析可以看出,以往的争议案例判决书中包含着大量有用的信息,这些信息可以用于:对工程争议解决中运用的论证方法进行结构化建模,提取论证中蕴含的逻辑推理规律;发现工程缺陷的规律,避免缺陷的发生;发生缺陷后预测缺陷的因果关系以及责任分配;发生工程变更争议以后快速准确地预测争议结果,根据结果准备协商谈判策略。为了达到以上的目的,人们利用各种信息技术对争议案例进行分析。Park C. S. 等研制了工程缺陷管理系统,设计了缺陷数据收集模板,运用缺陷本体增强系统检索功能[8]。Sassu M. 等从工程缺陷争议判决中提取与缺陷相关的数据,统计比较了各种类型缺陷的发生频率和发生阶段[9]。然而以上的工作关注于如何设计存储以及检索和简单的统计数据,并未考虑进一步挖掘数据之间的相关性。由于相关性挖掘是人工智能技术之一,所以考虑利用人工智能技术中的关联规则挖掘技术对存储的数据进行关联性挖掘分析。在案例判决结果预测方面的技术发展较为迅速,专家利用人工智能中的规则推理系统[10-11]、人工神经网络[12-13]、案例推理系统[14]等技术预测争议案例的判决结果。然而,正如 Mahfouz T. S. 所指出的那样,尽管这些系统推动了建设工程的法律决策支持能力,它们的成功受限于没有考虑真正影响诉讼结果的法律概念[15]。因而本研究在设计建设工程判决预测系统时,详细分析了影响法官判决的法律因素,利用识别的法律因素预测判决结果。除此之外,工程争议判决经常出现的不一致性也不能忽视[16],这使得争议结果预测有别于一般的人工智能预测算法。此外如何对传统预测算法进行改进也是本书关注的问题之一。

1.3　研究目的

人工智能技术的不断进步为建筑工程领域的知识挖掘提供了很好的支持,同时也有利于提高工程法律判决系统的性能。本书的主要目的是构建工程合同争议案例库,利用人工智能技术挖掘工程相关和法律相关的知识,预测争议的判决结果,提高工程争议管理、工程质量管理和变更管理效率。

工程争议的种类很多,如工程质量缺陷、口头变更争议、不同场地条件争议、恶劣的气候争议等。而本书所关注的争议类型是工程质量缺陷争议和工程变更争议,原因除了这两种争议经常发生,对工程的影响较大以外,还包括:相对于其他争议,判决书中关于这两种争议的描述较为详细,因而提取出的样本信息比较完整;通过这两种争议可以体现出工程合同争议管理的基本流程和可以改进之处。需要说明的是,本书的各种人工智能技术同样适用于其他工程争议。

本书研究目标及所要解决的具体问题主要有:

目标1:设计关系数据库,将文档类型的争议判决书转换为计算机可处理的数据形式,便于进行挖掘分析。

具体问题:判决书中的法律论证过程如何结构化建模? 工程缺陷争议中的缺陷特征、缺陷因果关系如何转换为关系数据库形式?

目标2:研究工程质量缺陷争议案例和工程变更案例的基本特征,包括工程类型、发包模式、承发包人的主营业务等。

具体问题:发生争议的工程项目的基本特征的分布情况如何? 发包人的类型是否影响到缺陷争议上的花费? 发包模式是否影响工程变更的判决结果?

目标3:利用关联规则挖掘技术对数据库中的数据进行挖掘分析,找出缺陷之间的关联性、同一缺陷不同原因之间的关联性等。

具体问题:如何解决缺陷数据库中数据项集过多而导致频繁项集稀少的问题? 如何利用层次挖掘算法挖掘因果关系数据?

目标4:识别影响工程变更争议判决的各项法律因素,并对因素进行量化。

具体问题:在工程变更争议判决中,法官基于哪些因素做出判决? 法官判决依据的法理有哪些? 各项因素如何表示为计算机可处理的数据?

目标5:利用人工智能算法进行工程变更争议判决结果预测,并检验算法的性能。

具体问题:各种人工智能算法的原理以及如何改进以解决输入案例的不一致性问题? 各种预测算法在争议结果预测方面的性能如何?

1.4 研究意义

本书构建了工程合同争议案例库,并利用人工智能技术对案例进行关联规则挖掘和判例结果预测,研究意义分为三个方面。

(1) 构建工程争议的法律论证模型,设计法律论证关系数据模型,将工程争议判决书中的争议解决论证过程转换为结构化的关系数据模型,这样对实际工程的意义包括:

① 对非结构化的工程争议解决论证过程建模,可以提取得到工程争议的法律论证规律,进一步辅助争议方论证己方观点的合理性,提高胜诉概率。

② 为后续智能化分析(如语义检索、自动推理等)打下基础。

(2) 从工程质量缺陷争议判决书中提取工程缺陷信息,统计缺陷的特征和原因,挖掘缺陷

之间的规律,这样对实际工程的意义包括:

① 在施工之前起到预警作用,防止缺陷发生。

② 在缺陷已经发生时,帮助施工方和监理方找到缺陷的原因以及主动提示可能联动发生的其他缺陷。

③ 发生缺陷后预测缺陷的因果关系以及责任分配。

(3) 从工程变更争议案例中提取影响判决结果的因素,利用人工智能技术中的分类器预测判决结果,这样对实际工程的意义包括:

① 预测工程变更争议结果帮助争议双方了解输赢的可能性,据此做出协商还是坚持己方主张的决策,一定程度上减少双方在争议上的支出。

② 从实际判决中可以看到各法律因素的不同取值下判决结果的不同,进而对比得到法官给各因素的不同权重,更好地理解合同和法律条款的规定。

本书构建的案例库同样适用于工程争议管理信息系统,帮助采集、加工管理过程中产生的信息,提高工程争议管理的信息化水平。除了工程的实际应用价值以外,本书构建的案例库还可以作为工程索赔研究和工程法律研究的基础平台。以本案例库为基础,可以加入不同种类的争议案例,如场地条件争议等;可以考虑其他的推理模型的应用,如 CBR 推理模型等;可以开发各种模块以满足不同的使用需求,如教学、论证过程自动化等。

1.5　研究内容和技术路线

1.5.1　研究内容及方法

(1) 第一章绪论　首先介绍了研究的背景,指出了建筑业的重要性和存在问题,以及合同争议对工程建设的影响。其次提出合同争议给工程建设带来的具体问题,简要分析了目前合同争议研究的不足。接着给出本书的研究目的和研究意义,包括解决了哪些问题和实际中的应用价值。最后介绍本书的研究内容和研究路线。

(2) 第二章文献综述　对国内外关于合同争议的研究从两个角度出发进行综述。其一是法律层面的相关研究,包括法律论证和工程变更相关法理;其二是人工智能技术与法律相结合的相关研究,包括国内外专家研发的法律专家系统和应用于法律推理以及结果预测的各种人工智能技术的发展。

(3) 第三章工程争议案例基本统计分析　对收集的工程合同争议判决书进行统计分析。统计分为三个方面:工程缺陷相关的信息统计,主要统计了缺陷的特征和原因;工程质量缺陷争议的信息统计,主要统计了不同证据和论证策略的使用情况;发生争议的工程信息统计,主要统计了与工程项目有关的特征,包括工程类型、承发包人的主营业务以及发包模式等。

(4) 第四章工程争议案例库的构建　利用关系数据模型将判决书中的信息,即争议基本信息、争议中的法律论证过程信息和争议涉及特定工程信息等转换为计算机可处理的数据形式。其中,重点介绍工程争议中的法律论证模型,以及如何转换成相应的关系数据模型。在此基础上,引入争议基本信息和争议涉及特定工程信息,构建完整的工程争议案例库。

(5) 第五章基于分层关联规则挖掘算法的争议案例分析　首先介绍了人工智能技术中寻

找关联项的算法之一——关联规则挖掘算法。利用该算法挖掘工程质量缺陷争议中的有用信息,得到缺陷发生规律和缺陷因果关系规律。建立分层的信息表示,在不同层次上进行频繁项集搜索,克服传统挖掘遇到的数据稀疏的问题。应用改进的分层挖掘算法对构建的案例库进行挖掘,验证算法的性能,并讨论分析了算法得到的频繁项集和规则。

(6)第六章基于模糊决策树算法的工程争议结果预测 首先介绍了人工智能技术中用于分类预测的算法之一——决策树分类算法。利用该算法对工程变更争议进行判决结果预测。从案例中提取相应的法律因素,并将之量化,从输入样本中构造决策树,最后验证算法的性能。针对工程争议判决的不一致性,引入模糊数学概念,对传统决策树算法进行修改,使之更适合工程争议的预测。

(7)第七章基于神经网络的工程争议结果预测 首先介绍了人工智能技术中用于分类预测的算法之一——人工神经网络算法。利用该算法对工程变更争议进行结果预测。同样针对输入数据中的不一致性对输入数据进行预处理,比较了预处理的数据和未处理时的性能差别。同时还对比了 BP 神经网络和概率神经网络在分类预测上的性能。

(8)第八章基于贝叶斯分类器的工程争议结果预测 首先介绍了人工智能技术中用于分类预测的算法之一——贝叶斯分类器。利用该算法对工程变更争议进行结果预测。对比分析了朴素贝叶斯分类器、TAN 分类器和贝叶斯网络分类器在工程变更争议中的性能。特别给出了贝叶斯网络分类器的结构学习过程,比较了两种结构学习算法的结果。

(9)第九章总结与展望 首先归纳本书的研究成果,接着在此基础上提出各个章节的创新点,最后指出研究的不足和将来的研究方向。

1.5.2 研究路线

本书的基本研究思路如图 1-1 所示,以案例库为基本对象,利用人工智能算法挖掘有利于工程争议解决的有用信息。涉及的人工智能算法包括两类:关联规则挖掘和分类预测算法。前者侧重于从以往争议案例中发现有用知识,进而指导日后争议管理工作,而后者侧重于争议判决结果的预测,帮助争议双方评估争议解决的难易度。具体的研究路线见图 1-2。

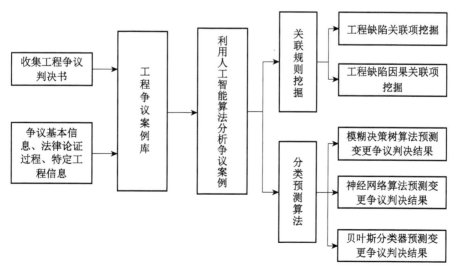

图 1-1 基本研究思路图

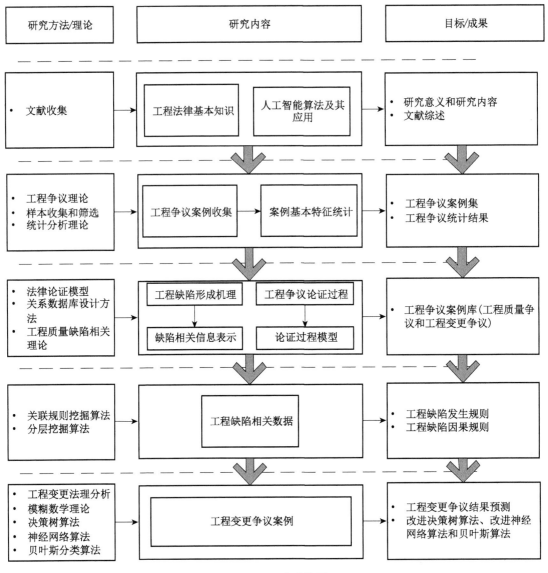

图 1-2 研究路线图

1.6 本章小结

本章首先介绍了研究背景,指出了建筑业的重要地位和建筑业的劳动生产效率偏低的问题。其次总结了工程争议对工程建设过程的负面影响,包括降低生产率和浪费生产资源。接着给出了本研究的意义和目的,即利用人工智能技术提高争议管理的能力和效率。最后提出了研究思路和技术路线,从中可以看出各章的研究重点和解决的实际问题。

第二章　文　献　综　述

2.1　概述

随着建设工程规模的增大,工程争议纠纷也不断增加,有效地收集证据、快速地解决争议对于发包人和承包人都很重要。同时,频繁发生争议的工程对象也可以看作是工程建设的薄弱环节,需要在建造和管理中特别注意。因此,运用人工智能技术中相应的工具以实现挖掘有用信息和帮助决策的目的。本章作为本书的起点,首先给出了与文中研究内容相关的各领域的研究和发展情况,主要包括法律论证领域和工程合同争议领域。其次介绍了与工程质量和工程变更相关的研究结论和进展。最后着重介绍与本研究有关的人工智能技术的发展和实际使用情况,尤其是在工程争议中的应用。

2.2　工程合同争议和法律推理相关文献

2.2.1　工程合同争议

国内外专家对于什么是合同有着较为一致的定义。Sweet J. 指出美国的法律赋予合同双方自治的权利,用于选择他们的合同的主要内容,并且大部分的合同是一种经济交换,被赋予的自治权允许双方评估对方的价值[17]。Thomas H. R. 强调合同在法律上的意义,认为合同是双方或多方之间关于价值交换的有法律约束力的协议,在工程领域,意味着交换价款和建造工程过程中提供的服务[18]。李启明认为工程施工合同是发包人与承包人之间为完成商定的建设工程项目,确定双方权利和义务的协议,同时强调了合同在工程建设质量控制、进度控制和投资控制中的作用[19]。当一方未能正确履行合同使得对方受到经济损失或损害时,受损方依据双方的合同向损害方提出补偿,当双方未能就补偿达成一致意见时,产生了合同争议[20]。

关于工程合同争议的研究,主要可以分为以下几个方面。

（1）工程争议产生原因的研究[7,21-25]

导致工程争议的原因主要有设计错误、工作范围变更、不同场地条件、天气原因、赶工、合同文本模糊、竞争/敌对态度、支付问题、管理问题、文化沟通问题、投标报价过低、发包人期望过高等。找到这些原因,可以在合同签订和履行过程中适当调整和预防,减少争议的产生。

（2）工程争议的特征研究

Diekmann J. E. 等收集了 22 个工程项目案例，统计了其中各项索赔的发生频率和费用，检验了工程特性与索赔发生频率的相关性[26]。Mitropoulos P. 等从 14 个项目案例中选取了 24 件索赔，研究了索赔事件发展过程，双方的关系、态度和行为，最后建立了索赔过程模型[27]。Thomas H. R. 等研究了工程变更相关的争议，从诉讼判例中归纳得到判决树[18]。Choy Y. J. 等研究了承包人的工程缺陷责任，给出了缺陷责任的定义、责任范围和责任阶段[28]。Nguyen L. D. 等研究了恶劣天气对建设的影响，总结了 7 个导致工期延长争议因子，并给出了实证分析[29]。Mahfouz T. 等从 400 个不同场地条件争议案例中提取法律因子，验证了因子的显著性，利用这些因子对争议判决结果进行预测[30]。EI-adaway I. H. 等总结了影响变更争议判决结果的法律因素，利用这些因子预测判决结果，并给出自动生成变更争议论证的算法[31]。以上的研究基本都是从实际项目出发，研究争议的发生、过程和结果。本书主要研究的是工程缺陷争议和工程变更争议，借鉴了以上的研究思路，从争议诉讼案例出发，找到法律因素，挖掘争议相关项和预测争议判决结果。

（3）工程争议发生的预测研究

由于工程争议的负面作用，预测争议的发生，进而阻止争议或提前做好相关准备，对工程建设管理有着重要的实际意义，因而争议发生的预测成为争议研究的一个分枝。Diekmann J. E. 等分析了不同项目特征对工程争议发生的影响，建立逻辑回归模型预测项目发生合同争议的可能性[32]。Chen J. H. 等认为项目变更是触发大量工程合同争议的主要因素，因此整理研究了 340 个变更诉讼案例，利用 k-均值近邻算法和 BP 神经网络算法预测变更争议引发的工程诉讼的概率[33-35]。Cheung S. O. 等构建故障树，分析了影响工程合同争议发生的因子（事件）之间的逻辑关系，揭示了因子如何相互作用导致了争议的发生，给出了争议发生的概率[36]。Chou J. S. 等调查了 584 个 PPP 项目，提取了 13 个项目特征和一个输出属性，即是否发生争议，利用 k-近邻、决策树、神经网络、朴素贝叶斯和 SVM 等人工智能技术进行分类预测[37]。从以上的相关研究可以发现，人工智能技术被广泛应用于争议发生预测上，尽管争议发生预测与本书的争议结果预测的对象不同，然而在方法上有着相通之处。

（4）工程争议管理研究

Keane P. J. 给出了索赔管理的定义[38]：利用和协调资源去处理索赔，处理过程包括识别、分析、谈判和解决。Levin P. 将索赔管理过程定义为：识别变更或索赔的原因；通知工程师；系统和准确地收集文件资料；分析时间和费用；报价；协商和争议解决[39]。而争议可以看作是索赔的升级，争议管理是识别、分析、谈判和解决争议的过程。Ren Z. 等将索赔管理的研究大致分为正确的开始和正确的进行[40]。前者主要对象是合同为主，包括风险分配条款和采购模式；后者主要对象是索赔管理过程中的各个步骤，如利用博弈论[41]和图论[42]分析协商过程，利用结构方程模型分析协商策略[43]等。博弈论和图论的分析中需要参数的设定，这在实际中很难准确得到，本研究的判决结果预测正是解决参数的估计的途径之一。结构方程模型是通过问卷调查得到的，与实际工程争议的做法有偏差。Vidogah W. 等从实际中的索赔管理出发，找出索赔管理的不足，通过问卷调查得到索赔解决过程中各阶段的花费和时间消耗，统计了建设过程产生的各种文档在争议论证过程中的使用状况，分析了争议论证的准备阶段遇到的各种问题[44]。本书的研究目的之一正是分析争议中各种证据和策略的使用情况，解决实际项目中争议管理遇到的问题。信息技术的发展也推进了计算机支持的争议管理技术的应用，特别是基于数据库的索赔管理信息系统提高了争议管理的效率[45-47]。然而,信息系统可以高效地处理管理流程,记录信息以待检索,但是缺少对信息的进一步分析和挖掘。

2.2.2　法律论证

法律论证是通过提出一定的根据和理由来证明某种立法意见、法律表述、法律陈述、法律学说和法律决定的正确性和正当性[48]。本研究所关注的论证是司法中的论证,参与方有三个,即原告方、被告方和审判方。在工程争议中,原告方和被告方一般是指承包人和发包人之一,而审判方是指法官或仲裁员,本研究中仅指法官。原告方论证诉讼请求合法,被告方反驳对方的诉讼请求,审判方根据双方的论证做出裁决。论证的过程包括寻找法律规范、确认案件事实以及把法律规范和案件事实结合起来得出结论。Gordon T. F. 等总结了论证方法的几种来源,主要有本体、描述逻辑、规则、案例和证据[49-50],基本涵盖了实际案例中的论证方法。Dewitz S. K. 等研究了可辩驳推理在法律论证中的意义以及基于可辩驳推理的规则推理系统的设计[51]。Wyner A. 等给出了基于案例推理的法律论证方案[52]。Vreeswijk G. A. W. 将贝叶斯推理引入法律论证,并将论证过程建模为贝叶斯网络[53]。以上的研究对争议双方如何组织论证以及法官的判决思路提供了认识,为提取相关的法律因素进而构建工程争议论证模型打下了基础。

2.3　工程质量缺陷相关文献

工程质量缺陷是指工程功能、性能上的缺点或不能满足标准以及用户需求,具体表现在结构、构造、服务或工程其他设施上[54]。关于工程质量缺陷的研究主要分为三类:缺陷种类和原因的研究,缺陷相关费用的研究,缺陷管理的研究。Josephson P. E. 等现场监测了 7 个建设项目,统计了 2 789 个缺陷及其原因,从业主、设计、现场管理、施工技术、分包商、材料和设备几个角度统计了原因[55]。Chong W. K. 等对比分析了建设阶段和使用阶段的质量缺陷种类,着重研究了地板缺陷在这两个阶段的发生个数和原因[56]。Macarulla M. 等构建了缺陷的分类系统,该分类主要针对缺陷的类型,而不考虑相关位置和构件,缺陷类型有功能缺陷、不恰当安装、生物破坏行为、破坏/退化、化学破坏、分离、污染、不平整、不对齐、缺失、失稳、表面缺陷、漏水、尺寸错误等[57]。Forcada N. 等对缺陷发生的部位和缺陷的类型进行卡方检验,验证了两者相关性[58]。Aljassmi H. 等利用故障树对缺陷发生的过程建模,利用风险重要度指标评价缺陷的原因[59]。Mills A. 等从某城市房屋维修保险数据库中抽取房屋报修的样本数据,对比分析了 1982—1999 年每年维修相关费用占合同总价的比例,同时也统计了不同部位不同类型的缺陷的费用[60]。Sassu M. 等从工程缺陷争议诉讼案例中提取缺陷相关信息进行统计分析,研究对象包括缺陷的种类、漏水发生的位置以及原因、裂缝发生的位置以及原因等[9]。Park C. S. 等设计了工程质量缺陷管理系统,并结合运用了本体、增强现实技术和 BIM 技术[8]。从以上研究可以看出,工程质量缺陷的分类研究统计受到了一定的重视,然而按照分部分项工程或缺陷种类进行统计忽视了缺陷之间的关联性。文献[8]中设计的数据库也是更偏向于数据保存和直接检索的功能,而缺少考虑如何从数据库中挖掘有用信息。

2.4 工程变更相关文献

工程变更经常发生于建设过程中,导致了项目造价的增加[61]和劳动力的降低[62-63],延长了工期。因此,变更往往会引发发包人和承包人之间的争议。关于工程变更的研究主要集中在变更的原因和形成机理、变更的后果[61-63]、变更的管理流程和系统设计[64-66]、变更的预测[33-35,67]。Love P. E. D. 等将变更的原因分为内部不确定因素和外部不确定因素[68],Keane P. 等将变更原因分为发包人相关的变更、承包人相关的变更、设计方相关的变更和其他变更,如天气、安全、经济等[69]。识别这些变更的原因可以有效控制和管理变更,提高项目管理的效率。然而,在争议领域,争议双方更关心的是合同是如何规定变更的权利义务分配,发生变更争议时如何用证据证明原因,以及责任分配等问题。从这个角度研究工程变更的文献还比较少。Thomas H. R. 等研究了口头变更指令的法律意义,提出了判断口头变更指令是否有效的准则[70,18]。Cox R. K. 分别从发包人和承包人的角度研究了变更管理,包括与变更有关的风险分配条款,变更令和通知义务的履行,以及关于合理的价款时间补偿问题[71]。文献[70]和[71]给出了与工程变更争议相关的论证过程和注意点,本书在此基础上从实际的工程变更争议出发,更全面地考虑论证过程中的各种规则条款的运用,分析它们对判决结果的影响。

2.5 人工智能算法相关文献

Luger G. E. 定义人工智能为计算机科学的一个分支,其目标是使智能行为自动化[72],而智能主要包括知觉、推理、学习、交流和在复杂环境中的行为[73]。学习能力是人工智能研究中最突出和最重要的一个方面[74],其中的分支之一机器学习是从样本或数据中归纳出知识的机制[75]。下面将介绍与本研究有关的人工智能技术以及在相关领域的发展。

2.5.1 CBR 和 RBR

基于案例的推理即 CBR 是人工智能研究的传统领域,其基本思路是利用过去相似问题的解决方案处理新的问题。CBR 系统的构建和使用遵循以下步骤[76]:①案例表示和索引;②案例检索;③案例使用和案例调整。CBR 经常被用于处理复杂问题和多属性决策,由于它能模拟人的思维进行问题求解和决策而受到广泛关注[77]。

在法律智能系统领域内,最早的 CBR 系统之一是由 Ashley K. D. 设计的 HYPO,该系统援引过去的诉讼案例生成法律论证,证明得到控辩双方哪一方会赢得争议,并指出 CBR 系统适用于缺乏分析理论且结果不确定的领域[78]。在 HYPO 中,每个案例被表示为框架结构,包含纠纷相关的对象、关系和事件,在此之上总结出与法律相关的事实认定,而最上层的数据结构被称为维度,直接影响到争议的结果。Aleven V. 等在 HYPO 系统基础上提出 CATO 模型,构建了因子层次结构,下层因子支持或反对上层因子,且不同因子的影响作用不同[79]。Hirota K. 等用成员函数表示争议案例中的模糊度,提出模糊 CBR 法律推理系统[80]。

El-adaway I. H. 等将 HYPO 系统应用于工程变更争议中,提取了 12 个影响判决的因子,识别其对发包人有利还是承包人有利,利用 HYPO 中的因子分析方法,自动生成工程变更争议的论证[31]。除了法律论证以外,从过去的相似案例中还可以获得如何处理争议的信息,Cheng M. Y. 等从工程诉讼案例中提取争议原因、索赔一方身份、索赔目标、争议解决方式、争议发生阶段、项目大小、项目类型和合同类型等因素作为索引,利用模糊搜索技术搜寻相似案例[81]。CBR 算法也被用来预测争议结果。Arditi D. 等从建设工程诉讼案例中提取了 43 个属性和 1 个结果分类标号,利用 CBR 算法预测判决结果[14]。Bruninghaus S. 等设计了基于 CBR 的 IBP 算法,识别 CBR 里的属性是有利于原告还是有利于被告,根据和当前诉讼有相同属性的案例结果决定当前诉讼的判决结果[82]。

规则推理技术即 RBR 一般用于建立专家系统,将专家的知识表示为计算机可以处理的形式:IF ＜条件＞THEN＜结论＞。系统的主要部分是知识库和推理引擎。使用系统时先输入具体问题信息(事实),利用推理引擎把当前的事实与规则的条件进行比较,确定哪条规则被激活[73]。

Hage J. 设计了 RBR 法律推理系统,系统中除了规则以外,还有用于设置规则优先级的元规则。当规则被触发,规则的结论部分称为理由,用于支持论证,系统赋予理由不同的权重[83]。Diekmann J. E. 等将 RBR 系统运用到建设工程不同场地条件争议的推理中[10],考虑到法律推理的不一致性,赋予规则不同的置信度[16]。

由于 CBR 和 RBR 各有优缺点,研究人员考虑将两者结合,设计混合法律推理系统。Rissland E. L. 等设计了 Agent 构架将 CBR 和 RBR 结合起来,系统包括两个知识源——案例和规则,每个知识源有各自的监视者,将推理进展报告给控制者,当案例源的推理遇到困难,则从规则源调用规则解决,反之依然[84]。Pal K. 将规则分为三类:直接从法律规定转换而成的规则、预测规则和控制规则。其中预测规则有置信度属性,给出可能的结论。而在案例源的推理中,可利用模糊匹配算法提高匹配性能[85]。

从以上研究可以看出,无论 CBR 系统还是 RBR 系统,均存在权重设置或者置信度设置的问题。现阶段专家系统采取由专家直接设置的做法,这样会导致主观性太强,不能准确反映因子的重要度。尽管本研究并未直接采用 CBR 技术和 RBR 技术,然而其基本思路,如案例库设计、法律因素提取、规则运用等都构成了本研究的基础。

2.5.2　决策树算法

决策树是一个类似于流程图的树结构,每个分枝代表一个属性的测试,而每个叶节点代表类的输出[86]。为了对未知的样本分类,样本的属性值在决策树上测试,直到找到叶节点为止。决策树算法从训练样本中学习得到分类规则,把规则表示成树状形式。

主要的决策树算法包括 ID3、CART、C4.5 等算法。Quinlan J. R. 在 1975 年提出了 ID3 算法[87],以信息增益为衡量标准,对数据归纳分类,ID3 算法处理对象是离散型的描述性属性。CART 算法由 Breiman L. 等提出,以 Gini 指数作为属性划分标准,生成的决策树是 2 分树[88]。其后,Quinlan J. R. 改进了 ID3 算法的属性划分标准,提出了以信息增益率为衡量标准的 C4.5 算法[89]。以上算法的划分都是针对明确集而言,属性和类标号都是确定的取值,而在实际决策时,需要考虑模糊和不确定的取值情况。为了处理模糊属性和类标号,研究人员将模糊数学理论引入决策树构造中。Umanol M. 等研究了模糊 ID3 算法,提出了模糊信息增益,并应用到诊断系统中[90]。Umanol M. 给出的算法认为分类标号具有模糊度,但取值唯一,然而在模糊集合中,每个取值都应该有相应的模糊度。Yuan Y. 等也提出了模糊决策树的构造方法,并没有使用模糊 ID3 分裂准则,而是改进了 Higashi 的模糊概率测量公式[91]。Janikow C. Z. 从模糊控制理论出发,针对数字属性进行模糊和解模糊,给出了模糊决策树的构造算法[92]。Wang X. Z. 等设计的模糊决策树构造方法是基于 Pawlak 的节点重要度分裂准则,作者还对 Umanol M. 等的模糊 ID3 算法[90]、Yuan Y. 等的算法[91] 以及自己提出的方法进行比较[93]。

决策树算法被应用于不同的研究领域。在道路安全方面,决策树用于分析交通事故中司机受伤严重度和司机/交通工具特征、高速公路几何特征、环境特征以及事故特征的关系[94],也被用于分析碰撞严重度和相关特征的关系,并提取有用规则[95-97]。在贷款信用评价方面,Galindo J. 等收集了房贷的相关数据,提取了 24 个属性变量,利用 CART 决策树预测贷款是否被拖欠[98]。Bensic M. 等从交易记录中提取了关于申请人特征、申请项目特征和财务数据等 31 个变量,利用 CART 决策树预测申请人信用评价,即是否合格[99]。Sohn S. Y. 等利用决策树研究了刚起步的公司的贷款信用评价[100]。在其他方面,Chen M. Y. 利用决策树预测公司财务困难[101]。相比之下,模糊决策树的应用并没有决策树广泛。Khan U. 等用模糊决策树预测癌症存活率[102]。Evans L. 等用模糊决策树进行生产技术选择,从 25 个案例中提取 6 个与项目和技术相关的因素,输出技术类型[103-104]。

与本书相关的法律推理领域中,决策树一般被用于预测判决结果。Bruninghaus S. 等利用 C4.5 决策树对美国的商业机密诉讼判决结果进行预测,正确率在 83% 左右[82]。Stranieri A. 利用 ID3 和 C4.5 算法预测离婚财产分配的诉讼判决结果[105],同时指出规则归纳系统可能存在的问题:归纳得到的规则可能难以理解;正确选择属性很重要;训练集不能包括不一致的案例等。在工程争议诉讼方面,Arditi D. 等利用提升决策树(Boosted Decision Tree)预测工程诉讼结果[106],Mahfouz T. S. 利用决策树预测不同场地条件的争议结果[15]。

2.5.3　神经网络算法

神经网络是一种在生物神经网络的启示下建立的数据处理模型,由大量的人工神经元相互连接进行计算,通过调整神经元之间的权值来对输入的数据进行建模[107]。目前应用最广泛的神经网络模型之一的 BP 神经网络是由 Rumelhart D. E. 等提出的[108],由于其具有非线性映射能力、自适应能力和容错能力等特点,被广泛应用于不同领域。概率神经网络是由 Specht D. F. 于 20 世纪 90 年代初提出的基于密度函数估计和贝叶斯决策理论而建立的一种分类网络[109]。

下面首先简要介绍神经网络在工程管理领域的应用情况。Petroutsatou K. 等[110] 和 Wilmot C. G. 等[111] 利用 BP 神经网络从过去的工程造价数据中得到费用和影响费用的不同因素之间的非线性关系。BP 神经网络算法也被用于从过去的数据中构建劳动生产率预测模型,包括混凝土相关工作[112-113]、管道工作[114] 和钢结构绘图[115] 等生产率。在项目风险管理领域,研究者利用神经网络算法对不同阶段不同种类的风险进行预测,如项目投资风险[116]、业主和承包商之间的风险分配[117]、承包商无法完成合同的风险[118] 和工程使用阶段的维护风险[119]。概率神经网络在工程管理的应用没有 BP 神经网络广泛。Sawhney A. 利用概率神经网络优化起重机的选择[120]。

在法律领域,神经网络一般被用于推理和结果分类。Van Opdorp G. J. 等在设计 CBR 系统时发现,每个法律因素都需要关联一个权重,在案例相似度比较时因素加权和超过某阈值,则被认为当前案例与过去某案例匹配。然而权重和阈值都需要专家设置,具有主观性,因此作者利用 BP 神经网络训练样本数据,得到权重和阈值[121]。Bench-Capon T. 利用 BP 神经网络对虚拟的福利支付法律规定进行结果分类,发现神经网络不受无关属性的影响,得到很好的分类结果[122]。Aikenhead M. 对神经网络在法律推理中的应用进行总结,从法律层面对神经网络的推理过程进行分析和解释[123]。Zeleznikow J. 等构建了法律专家系统对离婚财产分配做出判断,系统包括了 CBR、RBR 和 BP 神经网络,其中神经网络的输入是与法律论证相关的因子,输出是法律论证的结论部分[124]。Arditi D. 等用 BP 神经网络预测工程诉讼结果,从 102 个案例中提取了 45 个输入因子、8 个输出结果。然而,由于提取的因子与结果之间并不存在法律论证的关系,预测正确率只有 67%[12]。Chau K. W. 提取了 13 个输入因子,包括合同类型、合同价值、原告类型、被告身份、解决技术、延迟支付、变更范围、指示变更等,并利用粒子群算法优化神经网络,正确率为 80%[13]。尽管正确率有所提高,依然存在因子和结果之间没有法律关系的问题。

2.5.4 贝叶斯分类器

贝叶斯网络是一个有向无圈图,其中节点代表随机变量,节点间的边代表变量之间的直接依赖关系,每个节点都附有一个概率分布,根节点所附的是边缘分布,而非根节点所附的是条件概率分布[125]。由于贝叶斯网络不但有严格的概率理论基础[126],同时将知识直观地表示出来,因此很快成为决策科学领域进行不确定性推理和建模的有效工具,如故障诊断[127]、银行风险预警[128]、项目风险评估等[129-130]。而本书主要利用了贝叶斯网络在数据挖掘方面的应用,即应用贝叶斯分类器来预测争议结果[131, 86]。

Duda R. 等于 1973 年提出了朴素贝叶斯分类器[132]。该分类器结构简单,只有一个根节点,而其余节点都是这个类节点的子节点。Friedman N. 等改进了朴素贝叶斯分类器,设计了 TAN 贝叶斯分类器[131]。在 TAN 结构中类节点是根节点,其余属性节点除了类节点以外最多只有 1 个父节点。贝叶斯网络分类器可以更自然地表示属性间的依赖关系,前两种分类器可以看作是特殊的贝叶斯网络分类器。然而,要从样本数据中构建贝叶斯网络模型依然是有待进一步解决的问题。现有的网络结构算法主要有两类:基于依赖型测试的学习[133-134]和基于搜索评分的学习[125]。

下面介绍贝叶斯分类器在相关领域的应用情况。在文本分类系统中,一篇文档被看作一个样本,被表示为关键词的向量形式,每个样本都有一个类标号。利用朴素贝叶斯分类器或 TAN 分类器对新输入的文档自动分类[135-136]。Dejaeger K. 等利用贝叶斯网络预测软件项目是否发生错误,输入因子是软件代码的特征属性,并且比较了朴素贝叶斯分类器、TAN 分类器和贝叶斯网络分类器的性能,发现 TAN 的性能最好,贝叶斯网络分类器的性能最差[137]。Elmas C. 等在森林火灾决策支持系统中设计了朴素贝叶斯模块,用于从森林可燃物水分含量等指标中预测火灾的严重程度[138]。Zhang L. M. 等在地铁安全建设决策支持系统中运用贝叶斯网络分类器,从土密度、土壤凝聚力、内部摩擦度、变形模量、覆盖层厚度、隧道直径、段内径、推力、扭矩率、泥浆压力、灌浆压力、注浆量、注浆速度、挖土量等属性变量中预测地层沉降[139]。Muralidharan V. 等对比了朴素贝叶斯分类器和贝叶斯网络分类器判断离心泵工作正常还是故障,而输入属性是离心泵震荡信号的离散小波变化在不同频段的值[140]。Cai Z. Q.

等利用朴素贝叶斯分类器、TAN 分类器和贝叶斯网络分类器预测产品故障率是高还是低,研究发现 TAN 分类器的正确率最高,其次是贝叶斯网络分类器,最后是朴素贝叶斯分类器[141]。Deublein M. 等将多元回归、贝叶斯网络和统计理论相结合,利用道路特征预测道路的事故率,利用多元回归给出事故率的参数分布,通过蒙特卡洛仿真得到事故率的条件分布函数,再利用贝叶斯网络参数学习从数据样本中得到事故率的分布,对比了两种情况下网络的性能[142]。可以看出贝叶斯分类器被应用于不同领域,而研究人员也对常用的三种分类器进行比较分析,然而在争议判决预测领域运用得还比较少。Mahfouz T. S. 利用朴素贝叶斯分类器对不同场地条件争议结果进行了预测[15],没有考虑采用其他两种贝叶斯分类器。

2.5.5 关联规则挖掘算法

关联规则挖掘算法是数据挖掘算法中的一种,可以从大量数据中发现数据相关的数据项,从而提炼出抽象知识,实现知识的自动获取,因此也被认为是人工智能领域的研究对象之一[143]。规则挖掘的第一步是寻找频繁项集,即出现频率大于某阈值的项集,其次再用支持度和置信度准则从频繁项集中找出规则。

Agrawal R. 等于 1993 年提出 Apriori 算法,被认为是最有影响的挖掘频繁项集的算法。算法使用逐层搜索的迭代方法,k-项集用于探索($k+1$)-项集[144]。其后,为了改进算法的速度和占用空间,研究人员提出了 Eclat 算法[145]和 FP-Growth 算法[146]。为了解决数据稀疏性而导致很难找到强关联规则的问题,Han J. 等设计了多层关联规则挖掘算法,利用概念分层将数据划分到不同概念层,提高项集的支持度[147]。概念分层正是本体相关的研究领域,因而研究人员开始关注本体和规则挖掘相结合的算法。本体可以被用于帮助设计存储信息的数据库[148,8],给数据项赋予语义意义[149],筛选有意义的规则[150]。

下面介绍关联规则挖掘在相关领域内的应用。Lee C. K. H. 等设计了服装生产缺陷数据库记录缺陷的分类、缺陷发生的部位、缺陷的原因等数据,利用关联规则挖掘算法找到缺陷的频繁项集和缺陷原因的统计[151]。Kamsu-Foguem B. 等利用关联规则分析钻井设备生产过程,找到生产异常的原因,项被分为三类:产品尺寸、故障事件和延迟时间,每个事件是由这三类项组成的序列[152]。Lazzerini B. 等利用关联规则挖掘安全风险统计问卷,找到工作人员特征、风险特征和工作人员采取的行为之间的关联性[153]。Cheng C. 等统计了 1 347个建设工程安全事故,提取出事故有关的因子,如项目业主、公司大小、项目类型、事故类型、运动状态、伤害来源、正在进行的工作、事故位置、工作经验、性别、不安全行为、不安全状态等,利用关联规则挖掘出相关因子[154]。从以上的研究中,可以得到关联规则挖掘具体的应用过程,以及如何将感兴趣的信息建模为计算机可以处理的数据。同时也发现,在工程缺陷研究领域目前还没有用关联规则挖掘进行分析,因此,本研究考虑将这种技术用于分析建设工程的质量问题。

在法律领域内,由于关联规则的关联性并不意味着因果关系,也未必"引起兴趣",因此被用于分析某种现象,而不是预测司法判决结果[105]。Ivkovic S. 等利用关联规则挖掘算法分析了法律帮助部门的 380 000 条记录,找到性别、年龄、国家、寻求帮助的相关法律等因素之间的相关性[155]。Stranieri A. 等利用关联规则挖掘算法分析离婚诉讼案件中不同因素之间的关系[105]。而 Bench-Capon T. 等指出了关联规则挖掘在法律领域的可能应用方向,找到案例判决应该遵循的某些"规则"[156]。根据以上的研究,本研究将关联规则用于工程争议判决过程的模式挖掘,而不是结果预测,找到论证过程的某些因素之间的相关性。

2.6 本章小结

本章主要介绍了与本研究相关领域的发展和成果,包括工程争议管理、法律论证、工程质量缺陷、工程变更以及人工智能技术。首先从工程争议管理的研究中发现现有争议管理的难点和可改进之处。接着在现有法律论证模型的基础上考虑构建工程争议论证过程模型,并将之应用于工程质量缺陷争议和工程变更争议。从工程质量缺陷相关的文献中得到描述缺陷的属性,从工程变更相关的文献中得到变更争议的特征,建立起案例库模型。最后通过总结各种人工智能技术的特点以及在实际中解决的问题,找到适合解决研究问题的算法。

从以往的研究发现,现有的争议管理系统主要关注于信息存储和检索,即数据库相关设计,缺少对具体领域内争议论证过程的结构化建模,同时,利用关联规则挖掘数据库获取有用信息的研究还较少。分类预测问题出现在各个领域中,然而,法律推理的模糊性给预测增加了难度。这些都是本研究需要解决的问题。

第三章　工程争议案例基本统计分析

3.1　概述

数据是载荷或记录信息并使之按照一定规则排列组合的物理符号[157]。而知识则是人们通过对数据分析处理之后得到的规律性认识。数据特征描述了研究对象的各种属性,定义了研究的范围,因而十分重要。本研究的对象是记录在判决书中的建设工程争议案例,针对这些案例先要进行筛选,其次提取感兴趣的数据属性,建立数据库,最后利用智能算法处理数据,获取知识。

每一个判决案例都与某一建设工程项目相关,判决书不仅记录了法律论证相关信息,也记录了工程项目的特征。通过分析发生争议的项目的特征信息,可以给项目管理者提供建议和经验。因此,本研究不光从法律角度研究判决案例,也从项目管理角度对项目数据进行了统计分析。

3.2　试点调查

试点调查主要是在正式检索案例以及建立数据库之前预先熟悉判决书,从中提取有用属性。本研究收集的判决书均来自北大法意数据库,数据库的检索界面如图3-1所示。

图 3-1　判决书检索页面

其中,案由是法院对诉讼案件所涉及的法律关系的性质进行概括后形成的名称。在案由检索区选择建设工程施工合同纠纷,如图3-2所示。全文关键字根据研究对象的不同而改变,在质量缺陷争议检索中设置为"质量",在变更争议检索中设置为"变更"。

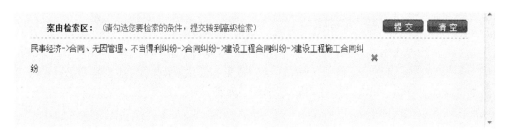

图3-2　案由选择

判决书是法院在案件审结后,依据案件事实和法律规定,对双方当事人的争议做出的具有法律约束力的结论性判定。其基本内容包括法院名称、案件编号、原告身份、被告身份、当事人的请求、当事人提出的事实、当事人提供的证据、法院认定的事实、判决结果和诉讼费用负担等。

以(2008)青民一终字第289号判决书为例,分析其基本内容:

1) 法院名称:山东省青岛市中级人民法院。

2) 案件编号:(2008)青民一终字第289号。

3) 原告:青岛科×置业有限公司(业主)。

4) 被告:青岛泰×建筑工程有限公司(承包商)。

5) 原告请求:判令被告立即履行保修义务,并赔偿修复费用和鉴定费用。

6) 原告提出的事实及证据:地下室底板渗水,鉴定报告;地下室底板渗水的维修费用,鉴定报告;墙体裂缝,鉴定报告;被告负有保修义务,合同条款和相关法律规范条款等。

7) 被告提出的事实及证据:工程合格,竣工验收记录;鉴定人员无资质,无证据;业主擅自改造应自行承担,无证据等。

8) 法院认定的事实:地下室渗水是因施工不当造成;涉案工程已经被上诉人组织竣工验收合格,因此上诉人应当对有关质量问题按照约定履行保修义务等。

9) 判决结果:一审判决被告赔偿维修费用,二审判决被告履行维修义务。

由于判决书中蕴含着大量的信息,因此在正式分析判决案例之前,有必要先判断判决书中的哪些内容是与研究相关的,将筛选出的相关内容保存到数据库中。下面分别讨论工程质量缺陷争议判决书和工程变更争议判决书中包含的有用信息。判决书中的信息又被分为项目相关信息和争议相关信息。

(1) 质量缺陷争议判决书的信息

1) 与工程项目有关的信息

① 项目类型,包括工业项目(如工厂)、商业项目(如商场、写字楼、超市)、基础设施项目(如道路交通、桥梁、学校、体育馆)、居住项目。

② 项目对象,包括房屋、装饰装修、设备安装、道路、桥梁、港口、防腐、污水处理、水利水电。

③ 建设类型,包括新建和扩建。

④ 原被告身份,包括业主与承包商、承包商与业主、总承包商与分包商、分包商与总承包商。

⑤ 原告主营业务,包括与房地产相关、与房地产无关、建设总承包。

2) 与缺陷有关的信息

① 缺陷的位置,包括梁、柱、楼板、天花板、墙、排气孔、散水、明沟、雨篷、阳台、地下室、承台、门、栏杆、窗户、窗台、穿墙管线、吊顶龙骨、檩条、桁架、踢脚线、楼梯、地板、模板/支模、走廊、变形缝、伸缩缝、沉降缝、水准点、屋面、屋顶排水管、电缆、保温隔热、防水、HVAC、消防系统、管道、电气、设备、母线槽系统、防腐系统、基坑、地基、道路、桥支座、污水处理系统等。

② 缺陷的种类,包括部件缺失、沉降、裂缝、漏水、分离、太薄、距离偏差、腐蚀、弯曲、配合比不对、尺寸偏差、位置错误、强度不够、钢筋保护层厚度偏差、数目偏差、变形、安装不合规范、长度偏差、颜色变化、剥离、螺栓脱落/变松、倾斜、钢筋弯度偏差、倒塌、不工作、稳定性差、厚度不平、材料与图纸不符、材料缺陷、分层、缺口、空鼓、不密实、移位、膨胀、偏离、流沙、管涌、断裂、蜂窝状、老化、扭曲、隆起、路面坑洼、麻点、掀开、下陷、密封问题、阻塞、荷载不够、饱和度低、轴线倾斜等。

③ 缺陷部位的材料,包括混凝土、钢筋、抹灰、钢材、橡胶、铜、石膏、螺栓、电焊、玻璃、砂浆、PVC管、石材、木材、土、环氧树脂、水泥、胶水、沥青、砖、碎石/砂砾、瓷砖、GRC、铝、防水卷材、金属、沥青油毡等。

④ 缺陷的原因,包括图纸与规范不符、图纸矛盾、图纸不完整、承包商未检查图纸错误、施工组织设计错误、承包商未提前检查施工环境、承包商未检查材料、承包商不按照规范施工、混凝土保养失误、模板移除时间不对、混凝土浇捣不合规范、混凝土养护不规范、挖出的土方堆放地点不合适、材料质量不合格、承包商技术不合格、天气恶劣、场地条件恶劣、中止过程中未保护建筑、使用不当、业主维护不当、业主方负责的工作导致了缺陷、业主提出的性能要求有缺陷、使用环境、使用超出设计范围、监理检查时未检测出错误、监理未发现施工组织设计中的错误等。

3) 与法律推理有关的信息

① 证据的种类,包括合同文本、补充协议、投标文件、招标文件、图纸、工程量清单、行业规范、材料检测报告、分部分项工程检查报告、监理日志、照片、录像、业主人员证词、设计师证词、承包商人员证词、监理、司法鉴定报告、司法鉴定专家证词、专家证词、第三方维修人员证词、与第三方合同或收据、工作记录、使用者投诉、维修记录、物业管理日志、公证、业主方函件、监理方函件、总承包商函件、设计方函件、质监站函件、验收报告、业主方律师函、承包商律师函、快递签收记录、电报、银行存款收据、接收证书、天气记录、报告、备忘录、施工组织设计、会议记录、完工报告、最终报表、费用清单等。

② 判决结果,包括承包商承担全部责任、承包商承担主要责任、承包商承担部分责任和承包商不承担责任。

③ 缺陷争议费用占工程费用的比例。

(2) 变更争议判决书的信息

1) 与工程项目有关的信息

① 项目类型,包括工业项目(如工厂)、商业项目(如商场、写字楼、超市)、基础设施项目

（如道路交通、桥梁、学校、体育馆）、居住项目。

② 项目对象，包括房屋、装饰装修、设备安装、道路、桥梁、港口、防腐、污水处理、水利水电。

③ 建设类型，包括新建和扩建。

④ 原被告身份，包括业主与承包商、承包商与业主、总承包商与分包商、分包商与总承包商。

⑤ 原告主营业务，包括与房地产相关、与房地产无关、建设总承包。

⑥ 合同的类型，包括总价合同、成本加酬金合同、单价合同等。

2）与变更有关的信息

① 变更的位置，包括梁、柱、楼板、天花板、墙、排气孔、散水、明沟、雨篷、阳台、地下室、承台、门、栏杆、窗户、窗台、穿墙管线、吊顶龙骨、檩条、桁架、踢脚线、楼梯、地板、模板/支模、走廊、变形缝、伸缩缝、沉降缝、水准点、屋面、屋顶排水管、电缆、保温隔热、防水、HVAC、消防系统、管道、电气、设备、母线槽系统、防腐系统、基坑、地基、道路、桥支座、污水处理系统等。

② 变更的种类，包括增加、减少、改变位置、改变结构、改变材料、改变质量、改变工作方案、改变数量、改变尺寸、改变品牌、重做等。

3）与法律推理有关的信息

① 证据的种类，包括合同文本、补充协议、投标文件、招标文件、图纸、工程量清单、行业规范、材料检测报告、分部分项工程检查报告、监理日志、照片、录像、业主人员证词、设计师证词、承包商人员证词、监理、司法鉴定报告、司法鉴定专家证词、专家证词、第三方维修人员证词、与第三方合同或收据、工作记录、使用者投诉、维修记录、物业管理日志、公证、业主方函件、监理方函件、总承包商函件、设计方函件、质监站函件、验收报告、业主方律师函、承包商律师函、快递签收记录、电报、银行存款收据、接收证书、天气记录、报告、备忘录、施工组织设计、会议记录、完工报告、最终报表、费用清单等。

② 判决结果，包括承包人胜诉、承包人败诉、业主胜诉、业主败诉。

3.3　数据收集与统计

本研究的数据收集过程持续了几个月的时间，由于每个判决书提供的信息各有偏重，最终获得的相关案例分布如表3-1所示。研究的内容主要可以分为两部分：质量缺陷争议和变更争议，每部分内容又根据研究目的的不同而被细分为质量缺陷规律、质量缺陷原因、缺陷争议推理、工程变更规律和变更争议预测。质量缺陷案例研究工程中不同质量缺陷的发生规律，缺陷争议推理研究质量缺陷案例中证据的运用和推理过程，工程变更研究工程中不同种类变更的发生规律，变更争议预测研究变更争议的判决结果。

表3-1　案例分布

研究内容	质量缺陷争议案例	质量缺陷规律	质量缺陷原因	缺陷争议推理	工程变更案例	工程变更规律	变更争议预测
案例个数	119	101	71	159	100	73	243

从表 3-1 中可以看出,质量缺陷争议案例个数大于质量缺陷规律案例个数,主要因为存在某些案例尽管发生缺陷争议,但法官判定工程没有缺陷;质量缺陷争议案例个数小于缺陷争议推理案例个数主要是因为一个案例中可能发生多次推理;工程变更案例个数小于变更争议预测的个数,这主要是因为在一个案例中可能发生多处变更,对于每个变更,法官都需要判断其发生的原因以及责任分配。

3.3.1 工程质量缺陷争议案例

本研究抽取的发生质量缺陷的工程项目有 119 个,图 3-3 表示项目类型的百分比。从图中可以看出,工业项目、商业项目和住宅项目所占比重较大,且较为平均,分别占 37.61%、31.62% 和 24.79%,而基础设施项目的质量争议较少,仅占 5.98%。

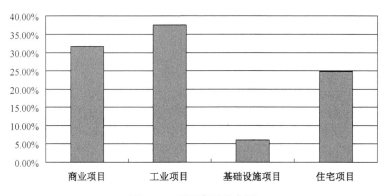

图 3-3　项目类型分布图

原告主营业务的取值范围主要根据原告从事的业务是否与房地产相关被分为四类(包括未知)。一般认为经营房地产相关业务的原告比其他原告更有工程管理经验,更善于处理工程纠纷,因而从实际争议案例中提取该因素,观察其对争议的影响。样本案例中,非房地产相关的原告占 52.99%,房地产相关的原告占 39.32%,其他两项是建设总承包和未知情况,分别占 5.98% 和 1.71%,具体参见图 3-4。

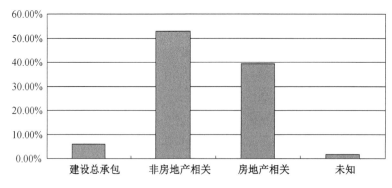

图 3-4　原告主营业务统计图

项目对象是建设工程的工作对象,也是最终交付的成果,项目对象的分布情况见图 3-5。

涉及质量缺陷争议最多的是房屋工程,其次是装饰装修工程和设备安装工程。一般情况下房屋工程包括装饰装修工程,然而在实际中业主经常分开发包。这里的装饰装修工程争议是指业主和承包商之间签订的合同只包括装饰装修工程。如果合同中既包括土建工程也包括装饰装修,则被归为房屋工程中。图中没有列出的项目对象表示计数为0。

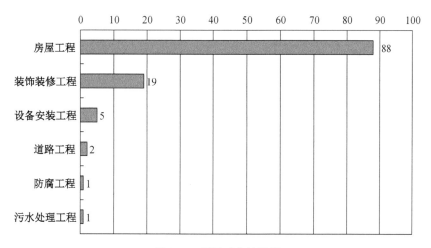

图 3-5 项目对象统计图

原被告身份是指案件起诉时的原告和被告在工程中的身份。质量义务是承包商应负的义务,当承包商违反义务时业主有权追究承包商的违约责任,从这点出发,原告应是业主,被告是承包商。然而,在实际诉讼中,可能出现承包商起诉业主拖欠工程款,业主反诉承包商违反质量义务,此时,案件的原告是承包商,而被告是业主,反诉原告是业主,反诉被告是承包商。原被告身份分布如图3-6所示。从图中可见,91%的质量缺陷争议发生在业主和承包商之间。45%的案例中,质量缺陷被用于反诉或抗辩的理由。

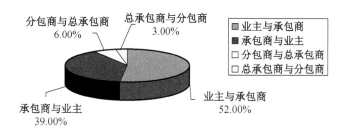

图 3-6 原被告身份分布图

下面将统计与缺陷有关的信息。缺陷部位统计工程中质量缺陷发生的部位,从图3-7中可以看出,居于前八位的分别是墙、屋顶、地板、楼板、柱、梁、地基、道路,发生的次数分别是78、46、30、27、24、22、22、22。

缺陷类型是对缺陷的直观描述,其统计情况见图3-8。通过案例分析发现,前六位的缺陷分别是漏水、裂缝、强度不够、太薄、尺寸偏差和剥落,它们的发生次数分别是70、61、22、19、17和14。

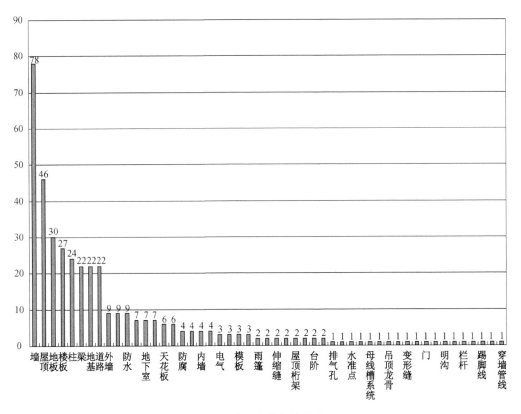

图 3-7　缺陷功能部件统计图

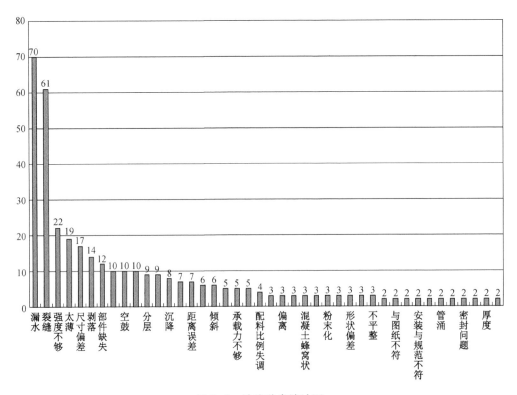

图 3-8　缺陷种类统计图

缺陷另一相关属性是缺陷部位所用的材料。从图 3-9 可以看出,发生次数排在前四位的分别是混凝土、钢材、抹灰和砂浆,次数分别是 87、47、18 和 12。

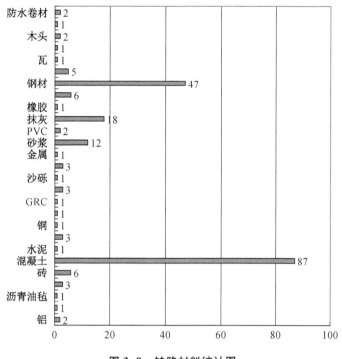

图 3-9　缺陷材料统计图

缺陷产生的原因是导致缺陷发生的事件,这些事件可能同时发生也可能存在因果关系。原因统计暂时不考虑因果关系,只计算每种原因发生的次数。统计结果如图 3-10 所示。最常见的缺陷原因有施工技术不当、施工方不按图纸或规范施工、材料质量缺陷和施工图设计违反技术标准。

下面统计工程质量缺陷争议过程中与法律推理相关的信息。证据是证明案件事实的重要工具,收集和使用证据对于判决结果有重要影响。从表 3-2 中可以看出,在工程质量争议中使用次数最多的证据是司法鉴定报告,其次是业主通知函件、合同文本、竣工验收报告和专家证词。

在利用证据证明事实的过程中,当事人不仅需要举证证明对己方有利的事实,还需要对对方的证据提出质疑,削弱对方的证据证明力。证据疑点统计分布如表 3-3 所示。从统计中发现,证据最常被质疑的五个方面有鉴定方法有错、专家身份不合要求、鉴定时一方不在场、无法鉴定和证据与第三方相关。

将证据与质疑策略联合考虑,统计具体证据的质疑策略,结果如表 3-4 所示,表中给出了发生次数较多的前六位策略。

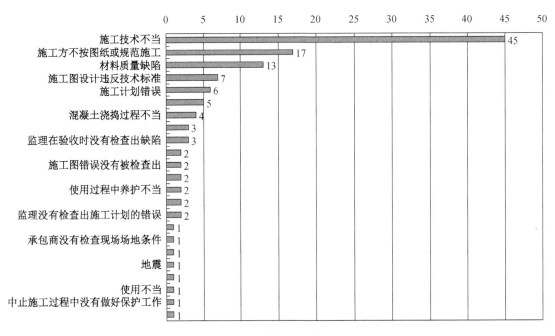

图 3-10　缺陷原因统计图

表 3-2　证据统计表

证据名	次数	证据名	次数	证据名	次数
司法鉴定报告	44	行业标准	4	投标文件	1
业主通知函件	37	设计方人证	4	承包方人证	1
合同	36	口头证据	4	承包方每日工作记录	1
竣工验收报告	30	工程结算报告	4	物业管理工作记录	1
专家证词	29	材料测试报告	3	公证报告	1
承包商通知函件	16	监理方人证	3	设计方通知函件	1
会议记录	14	业主/总包方律师函	3	鉴定方人证	1
监理工程师通知函件	14	维修记录	3	快递收据	1
施工图	13	工程接收证书	3	电报	1
照片	13	天气记录	3	负责维修的第三方人证	1
与第三方合同或收据	13	报告	3	费用清单	1
分部工程验收报告	12	维修指令	2	监理每日工作报告	1
质监站通知函件	12	总包方通知信函	2	承包方每日工作报告	1
补充合同	10	承包方律师函	2	施工计划	1
使用者投诉	7	工作备忘录	2		

表 3-3 证据疑点统计表

证据疑点	次数	证据疑点	次数
鉴定方法错误	14	多次司法鉴定结果有冲突	3
专家身份不合要求	12	缺少承包方签字	3
鉴定时一方不在场	10	信息不全导致无法鉴定	2
法院驳回鉴定要求	10	技术受限导致无法鉴定	2
与当事人有利益关系的第三方提供的证据	10	单方说明	2
照片没有时间和地点	9	鉴定方与纠纷一方有利益相关	1
通知没有收到	8	缺少承包方签字	1
没有代理权	8	提出诉讼之后又新发现的缺陷	1
复印件	5	双方没有达成一致意见	1
场地被破坏导致无法鉴定	5	缺少发包人公章	1
超过举证时间	4		

表 3-4 证据质疑策略

策 略	次数
对司法鉴定报告,提出鉴定方法有误	12
对照片证据,提出照片没有具体时间地点	9
对司法鉴定报告,提出鉴定人员的身份不合要求	8
对专家证词,提出专家检查时己方不在场或单方委托专家检查	8
对对方和第三方签订的维修合同或付款收据提出真实性质疑	7
对于业主下达通知提出未收到	7

案例的判决结果分为承包商对缺陷负全责、承包商对缺陷负大部分责任、承包商对缺陷负部分责任和承包商对缺陷不负责任。其在样本中的分布情况如图 3-11 所示。从图中看出,承包商完全不承担责任和承包商承担部分至全部责任的比例基本上是 1:1。

工程结算费用的分布用直方图表示,见图 3-12(a),其中不包括缺陷维修的费用。图 3-12(b) 表示用在缺陷争议上的费用直方图,包括鉴定费、维修费、诉讼费以及由法院判

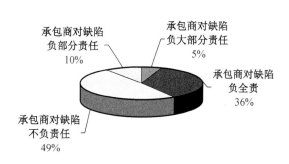

图 3-11 判决结果分布图

定的相关损失费,其中相关损失包括因维修而导致停业损失,因缺陷导致工期延长带来的损失等。图 3-12(c)表示缺陷相关费用占工程结算费用的比例。

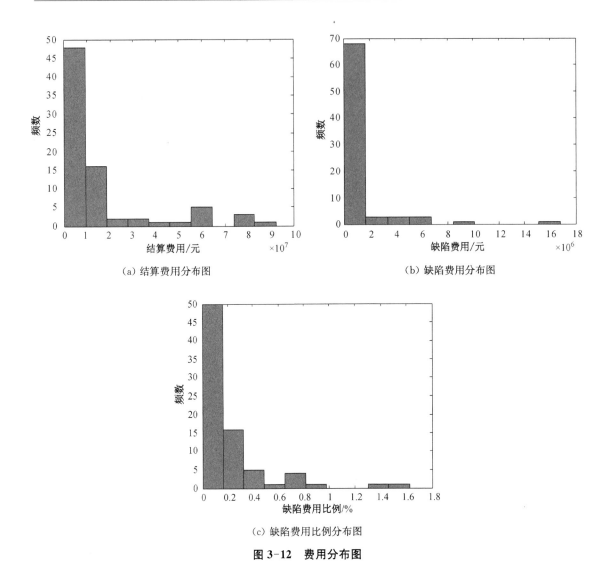

（a）结算费用分布图　　　　　　　　（b）缺陷费用分布图

（c）缺陷费用比例分布图

图 3-12　费用分布图

下面分析缺陷费用比例和业主身份的关系。首先利用 Kolmogorov-Smirnov 检验判定数据是否属于某经典分布类型，并估计分布参数[158]。从样本数据中计算参数估计值，再用 K-S 检验判断分布类型。经过计算，可知费用比例数据满足 Gamma(0.622 0, 0.305 6)分布。在给定显著性水平 α 下，检验假设

$$H_0 : F(x) = F_0(x); \; H_1 : F(x) \neq F_0(x)$$

检验结果：

$$\alpha = 0.05, \; cv = 0.151\,5, \; p = 0.068, \; h = 0$$

其中，cv 为拒绝域的临界值；p 为拒绝原假设的最小显著性概率；h 为检验决策。结果表明，$h = 0$，接受原假设。

对缺陷费用比例数据取对数 $\ln(\cdot)$，记为 log_ratio，利用 K-S 检验判断分布类型。给定显著性水平 $\alpha = 0.05$，检验是否满足 Norm(−2.648 5, 1.622 7)分布。检验结果：$h = 0$，接受

假设。

　　将 log_ratio 按照业主身份不同分为两组:业主从事房地产相关行业组(用 1 表示)和业主从事其他行业组(用−1 表示),比较两组样本的均值是否有显著差异。利用 SPSS 软件对数据进行独立样本 t 检验[159],结果如表 3-5 所示。

表 3-5　t 检验结果

组统计量

业主身份		N	均值	标准差	均值的标准误差
log_ratio	1.00	39	−3.25	1.71	0.27
	−1.00	39	−2.04	1.29	0.21

独立样本检验

	方差方程的 Levene 检验		均值方程的 t 检验					差分的 95% 置信区间	
	F	Sig.	t	df	Sig.(双侧)	均值差值	标准误差值	下限	上限
log_ratio 假设方差相等	3.371	0.070	−3.524	76	0.001	−1.21	0.343	−1.89	−5.26
log_ratio 假设方差不相等			−3.524	70.634	0.001	−1.21	0.343	−1.89	−5.25

　　表 3-5 给出了关于方差齐性的 Levene 检验和关于均值相等的 t 检验结果。由 F 统计量的 Sig. 值小于 0.1 可知,检验接受方差不等的假设,所以参考独立样本检验的第二行结果。由 t 检验双侧 Sig. 值都小于 0.05 可知,拒绝零假设,两总体均值存在显著差异。

　　运用非参数检验,在假设样本所属总体分布类型未知的情况下,判断两独立样本的均值是否有差异。利用 Mann-Whitney U 检验对两组数据进行检验,结果如图 3-13 所示。从结果可知,在显著性水平 0.05 下,拒绝两独立样本均值相同的假设。

　　从以上分析可知,从事房地产相关业务的业主和从事其他业务的业主在质量缺陷上的花费有明显的不同,前者的均值要明显小于后者。

假设检验汇总

	原假设	测试	Sig.	决策者
1	log_ratio的分布在tt类别上相同。	独立样本 Mann-Whitney U 检验	0.002	拒绝原假设。

显示渐进显著性。显著性水平是0.05。

总计N	78
Mann-Whitney U	449.000
Wilcoxon W	1 229.000
检验统计量	449.000
标准误	100.066
标准化检验统计量	−3.113
渐进显著性(2-sided检验)	0.002

图 3-13　非参数检验结果

3.3.2 工程变更争议案例

本研究抽取的发生工程变更争议的工程项目有 100 个,图 3-14 表示项目类型的百分比。从图中可以看出,住宅项目、工业项目和商业项目所占比重较大,且较为平均,分别占35.64%、27.72%和25.74%,而基础设施项目的变更争议较少,占 10.89%。

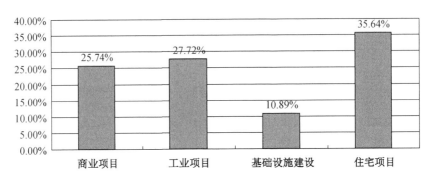

图 3-14　工程变更争议项目类型分布

争议项目采用的合同类型有总价合同、成本加酬金合同和单价合同等,其分布如图 3-15 所示。从图中可见,总价合同的比重最大,其次是单价合同,最后是成本加酬金合同。我国施工前期准备时间较短,在签订合同时图纸设计并不完善,在施工阶段的工程变更较多,而总价合同又对工程变更的控制较严,因而发生工程变更争议的概率较大。

发包方主营业务的统计分布如图 3-16 所示。一般情况下,由发包方决定合同类型,以及承担项目管理工作。从图中看出,非房地产相关的发包方与房地产相关的发包商所占比例差异较小。如果将建设总包商算入房地产相关的发包商中,则双方比例变为 44% 和 56%。

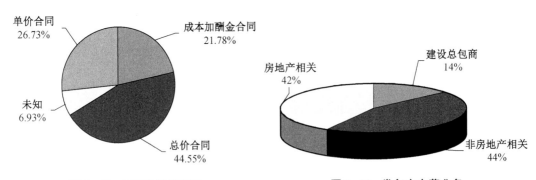

图 3-15　合同类型分布图　　　　　　**图 3-16　发包方主营业务**

发生工程变更争议的项目类型统计如图 3-17 所示。发生争议的项目以房建工程为主,其次是设备安装和装饰装修项目。需要注意的是,此处的项目类型是以合同发包对象划分,尽管设备安装、装饰装修和扩建项目都与房屋有关。

下面统计发生工程变更争议的部件相关信息,需要注意的是,发生争议并不代表发生了变更。变更争议经常发生的分部分项工程有地基、土方运输、挖土和墙,见表 3-6。

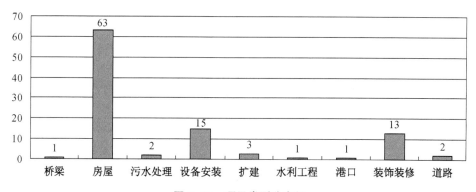

图 3-17　项目类型分布图

表 3-6　变更发生分部分项工程统计表

变更发生分部分项工程	个数	变更发生分部分项工程	个数
地基	20	屋顶	2
土方运输	10	化粪池	2
挖土	10	保温层	2
墙	10	水电安装	2
电气	9	空调板	1
管道	9	电缆	1
HVAC	8	柱	1
防火	7	防腐	1
道路	5	设备	1
天花板	4	模板	1
楼板	4	连接	1
门窗	4	桩承台	1
栏杆	3	水池	1
梁	3	插座	1
面积	2	面层	1
连接缝	2	防水	1
防雷	2	窗台板	1

　　变更种类统计见图 3-18,从图中可见发生最多的变更争议有工作增加、改变数量、工作减少、改变结构、改变材料和改变施工方法。将变更争议发生的分部分项工程和变更争议类型结合起来,得到经常发生的变更争议有地基工作增加、土方运输量变化、挖土量变化、电气工作增加和防火工作增加。

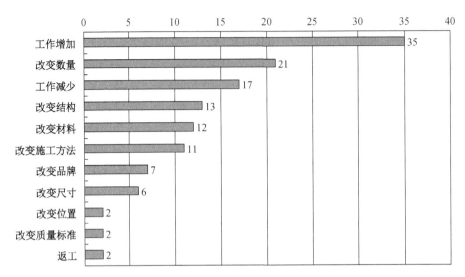

图 3-18　变更种类统计图

与工程变更相关的争议会出现两种情况:第一种情况,承包商以工程变更条款为依据,主张工程变更导致业主需要支付相应的价款,业主以工程并无变更或者双方已就变更达成一致为由进行辩护。第二种情况,业主以承包商擅自变更工程为依据,主张承包商承担相应的责任,而承包商以工程并无变更或根据业主指令进行工程变更为由进行辩护。第一种情况的原告是承包人,第二种情况的原告是发包人,这两种情况发生的比例分别是 78% 和 22%,参见图3-19。

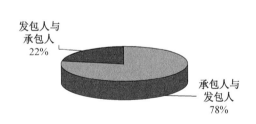

图 3-19　原被告身份统计图

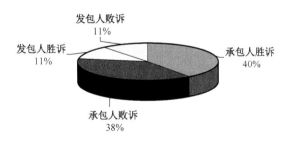

图 3-20　判决结果分布图

工程变更争议的判决结果分为四种:原告是承包人时,承包人胜诉和承包人败诉;原告是发包人时,发包人胜诉和发包人败诉。结果分布情况如图 3-20 所示。从图中可以看出,原告是承包人或发包人时,胜诉概率基本都是 50%。

考虑原告是承包人时,发包人主营业务与判决结果的相关分析。发包人主营业务是分类变量 X,值域为 $\{x_1, x_2\}$,其中 x_1 表示房地产相关业务,x_2 表示非房地产相关业务。判决结果记为 Change_result,判决结果是分类变量,值域为 $\{y_1, y_2\}$,其中 y_1 表示原告胜诉,y_2 表示原告败诉。从样本数据中统计得到四格表 3-7。

利用卡方检验[160],得到结果表 3-8。从表 3-8 可见,Pearson 卡方、连续校正、似然比的 Sig. 均大于 0.05,因此接受假设 H_0,认为两个因素独立,不相关,即发包人的主营业务与判决结果不相关。

表 3-7　主营业务和判决结果的四格表

			Ownership_type		合计
			x_2	x_1	
Change_result	y_1	计数 Change_result 中的%	34 51.5%	32 48.5%	66 100.0%
	y_2	计数 Change_result 中的%	29 45.3%	35 54.7%	64 100.0%
合计		计数 Change_result 中的%	63 48.5%	67 51.5%	130 100.0%

表 3-8　卡方检验结果

	值	df	渐进 Sig. （双侧）	精确 Sig. （双侧）	精确 Sig. （单侧）
Pearson 卡方	0.501[a]	1	0.479		
连续校正[b]	0.283	1	0.595		
似然比	0.501	1	0.479		
Fisher 的精确检验				0.489	0.297
有效案例中的 N	130				

a. 0 单元格(0.0%)的期望计数少于 5。最小期望计数为 31.02。

b. 仅对 2×2 表计算。

考虑原告是承包人时,合同类型与判决结果的相关分析。合同类型是分类变量 X,值域为 $\{x_1, x_2, x_3\}$,其中 x_1 表示成本加酬金合同,x_2 表示总价合同,x_3 表示单价合同。判决结果是分类变量 Y,值域为 $\{y_1, y_2\}$,其中 y_1 表示原告胜诉,y_2 表示原告败诉。从原始数据中得到列联表 3-9。表中结果是在删除属性取值为空的样本之后得到的统计结果。

表 3-9　合同类型和判决结果的列联表

			Contract_type			合计
			x_1	x_2	x_3	
Change_result	y_1	计数 Change_result 中的%	12 19.4%	34 54.8%	16 25.8%	62 100.0%
	y_2	计数 Change_result 中的%	10 16.4%	33 54.1%	18 29.5%	61 100.0%
合计		计数 Change_result 中的%	22 17.9%	67 54.5%	34 27.6%	123 100.0%

利用卡方检验,得到 Pearson 卡方的 Sig. 值 0.858,大于 0.05。因此在显著度为 0.05 下,接受假设 H_0,认为两个因素独立,不相关,即合同类型与判决结果不相关。

3.4　本章小结

　　本章由试点调查和样本基本信息统计两部分内容组成。在试点调查中,介绍了案例来源,分析了判决书的内容,以及如何提取工程缺陷、争议论证过程等有用信息,为下一章工程争议案例库设计奠定基础。

　　在样本基本信息统计中,分别给出了工程缺陷的属性取值分布情况、争议论证过程中证据使用的分布情况和项目属性的分布情况。这些统计分布给出了工程争议的基本特征。本章还利用统计分析中的相关性检验考察了以下因素之间的相关性:缺陷费用比例和业主身份;发包人主营业务与判决结果;合同类型与判决结果。研究结论表明:从事房地产相关业务的业主和从事其他业务的业主在质量缺陷上的花费有明显的不同,前者的均值要明显小于后者;发包人的主营业务与判决结果不相关;合同类型与判决结果不相关。

第四章　工程争议案例库的构建

4.1　概述

第三章中给出了如何从北大法意数据库中检索收集工程争议判决书的过程,然而收集到的判决书主要是文档形式,直接对其进行信息检索和信息处理的效率比较低。本章利用关系数据库建模理论将判决书中的信息存储到关系数据模型中,构建工程争议案例库。判决书的信息被分为三类:争议基本信息、争议中的法律论证过程信息和争议涉及特定工程信息。其中,法律论证是工程争议解决的核心内容。本章将重点介绍工程争议中的法律论证模型,以及如何转换成相应的关系数据模型。在此基础上,引入争议基本信息和争议涉及特定工程信息,构建完整的工程争议案例库。本案例库是本研究的基础,同时,第五、六、七、八章提出的人工智能技术都将应用到案例库上,提取出隐性知识,既可以指导工程技术方面的工作,也可以提高承发包人在合同管理方面的工作能力。

4.2　工程争议中的法律论证模型

4.2.1　工程争议中运用的法律论证形式

论证是运用论据证明论点的逻辑过程。法律论证是在法律范畴内,由提出某一法律命题的一方提供支持该命题的论述,反对方提出对该命题的批判论述,最后,由决定者(法官)做出判决。建设工程中,各参与方之间建立不同的合同法律关系,如业主和施工方之间的施工合同、总包与分包之间的分包合同等。在合同履行过程中,合同当事人一方因对方不履行或未能正确履行合同或者由于其他非自身因素而受到经济损失或权利损害,向对方提出经济或时间补偿。若对方拒绝补偿,则发生工程争议。而工程争议的解决过程是争议各方论证己方主张合理、批判对方主张不成立的过程,最终由决定者(法官)做出判决。因此,工程争议的解决过程是法律论证过程。工程争议判决书中记录了工程争议的法律论证过程。

法律论证的形式被称为论证图式(argumentation schemes)[161]。论证图式包括前提条件(premise)、假设条件(assumption)、例外条件(exception)和结论(conclusion)。前提条件支撑着结论,由主张结论成立的一方负责证明其成立;假设条件被预先假定成立,直到被对方质疑,此时,由主张结论成立的一方负责证明其成立;例外条件的成立将可能导致结论不成立,由对方负责证明。Walton D. 等总结归纳了 60 个论证图式[162],本书在此基础上,一方面结合我国对证据证明效力的规定[163-164],如《中华人民共和国民事诉讼法》第63条规定:"证据包括:(一)当事人的陈述;(二)书证;(三)物证;(四)视听资料;(五)电子数据;(六)证人证言;(七)鉴定意见;(八)勘验笔录。证据必须查证属实,才能作为认定事实的根据。"另外,通过整理工程争议判决书中常用的论证方法,最终提取出下面16种建设工程争议解决过程中常用的论证图式。其中,无条件论证比较特殊,由主张结论成立的一方直接给出结论。

1) 业务文件论证

前提条件1:通常情况下,如果业务文件A存在,意味着命题B为真。

前提条件2:业务文件A存在。

假设条件1:业务文件A上附当事人的签字和单位印章,且外观真实。

假设条件2:当事人的签字和单位印章有瑕疵,但依然真实。

假设条件3:业务文件存在形式瑕疵(如删改文字、载体破损等),但不影响业务文件的真实性。

假设条件4:业务文件内容存在瑕疵(如歧义、不一致等),但不影响命题B的真实性。

假设条件5:在正常的业务流程中生成该业务文件A。

假设条件6:签字人有代理权。

例外条件1:业务文件所附签字和印章有外观瑕疵。

例外条件2:业务文件所附签字和印章不真实。

结论:命题B为真。

2) 专家意见论证

前提条件1:E是包含命题A的主题领域S里的一名专家。

前提条件2:E断定命题A为真。

假设条件1:E具有良好的专业能力。

假设条件2:E的断言是基于可靠的方法得到的。

假设条件3:E的断言是基于正确的程序得到的。

假设条件4:E的断言是基于证据提出的。

例外条件1:E有偏见。

结论:命题A为真。

3) 公文论证

前提条件1:通常情况下,如果公文A存在,意味着命题B为真。

前提条件2:公文A存在。

例外条件1:公文超出制作主体的职权范围。

例外条件2:公文制作未按法定程序进行。

结论:命题B为真。

4) 证人证言论证

前提条件1:证人a处于知道命题A是否为真的位置。

前提条件2:a断言命题A为真。

假设条件1:证人a具有作证能力。

假设条件2:证言前后一致。

例外条件1:证人有偏向性。

例外条件2:证言不合情理。

结论:命题 A 为真。

5) 物证论证

前提条件1:在通常情况下,如果发现某客观物质实体的某种特性就可以证明某事件 B 发生。

前提条件2:某客观物质实体的某种特性被发现。

例外条件1:某客观物质实体的某种特性由其他事件导致的。

结论:事件 B 发生。

6) 视听资料论证

前提条件1:通常情况下,如果视听资料 A 存在,意味着事件 B 发生。

前提条件2:视听资料 A 存在。

假设条件1:尽管视听资料有瑕疵,但并未伪造。

假设条件2:有其他证据佐证。

假设条件3:视听资料制作的时间和地点与事件 B 密切相关。

例外条件1:视听资料有瑕疵。

结论:事件 B 发生。

7) 可废止分离规则论证

前提条件1:A 与 B 之间存在条件关系(A 是 B 的充分条件或必要条件或充要条件)。

前提条件2:已知 A 成立(不成立)。

假设条件1:A 与 B 的条件关系较强。

例外条件1:其他条件因素干扰了结果。

例外条件2:其他条件关系干扰了 A 与 B 之间的条件关系。

结论:B 成立(不成立)。

8) 既定规则论证

前提条件1:对于所有 x,行为 A 是既定规则,那么 x 必须做 A。

前提条件2:对于 a,行为 A 是既定规则。

假设条件1:规则有效。

例外条件1:等级更高的与 A 冲突的规则同时适用。

例外条件2:规则有例外情况。

结论:a 必须做 A。

9) 解释论证

前提条件1:文档中使用表述 E(词,短语,或句子)。

前提条件2:表述 E 的使用情境 S 与解释 I 相关。

前提条件3:为了符合情境 S,E 应该被解释为 I。

例外条件1:情境 S 与其他解释相关。

例外条件2:E 有其他的使用情境,以及与之相关的其他解释。

结论:文档中的 E 被解释为 I。

10) 类比论证

前提条件1:情形 x 中命题 A 成立。

前提条件 2:情形 y 与情形 x 相似。

例外条件 1:情形 y 与情形 x 有差异存在。

例外条件 2:情形 z 与情形 x 相似,但其中命题 A 不成立。

结论:情形 y 中 A 成立。

11) 整体部分论证

前提条件 1:A 具有属性 F。

前提条件 2:x 是 A 的一部分。

例外条件 1:x 并未继承 A 的属性。

结论:x 有属性 F。

12) 函数论证

前提条件 1:应变量与自变量之间存在某函数关系。

前提条件 2:自变量取值已知。

结论:计算得到应变量值。

13) 矛盾论证

前提条件 1:行为方认为应该做 A。

前提条件 2:行为方的行为 B 与 A 不一致。

例外条件 1:行为 B 与 A 的不一致可以消除。

结论:按照对方标准,行为方的行为 B 不应该接受(应该做与 B 相反的行为)。

14) 违反规则论证

前提条件 1:行为 A 是既定规则。

前提条件 2:行为方的行为 B 与 A 不一致。

假设条件 1:规则有效。

例外条件 1:行为 B 与 A 的不一致可以消除。

例外条件 2:等级更高的与 A 冲突的规则同时适用。

例外条件 3:规则有例外情况。

结论:一方违反规则 A。

15) 惯例论证

前提条件 1:对于熟悉是否接受行为 A 的人而言,行为 A 可以看作是惯例。

前提条件 2:如果行为 A 是惯例,有理由认为行为 A 可以接受。

例外条件 1:尽管行为 A 在通常情况下可以接受,但是有理由怀疑行为 A 并不正确。

结论:行为 A 可以接受。

16) 无条件论证

结论:结论命题正确。

论证模型中,论证图式的条件和结论关联着表述(statement),表述中记录了工程争议论证过程中用到的具体信息,是论证图式中相对抽象的前提条件、假设条件、例外条件和结论的具体实现。表述有三个属性:方向、提出表述一方的身份和表述是否被接受。前提条件、假设条件和例外条件的表述分为正反两个方向:正向表述支撑结论,前提条件的反向表述削弱结论。结论的表述的方向限定为正向。提出表述一方的身份有原告和被告两种。表述是否被接受包含两层含义:表述所代表的命题是真还是假;表述是否能作为论证图式的具体实现。当表述代表的命题为真,并且可以作为论证图式的具体实现,此时表述的状态为接受状态;当表述代表的命题为假,或者不可以作为论证图式的具体实现,此时表述的状态为不接受状态;当判决书未记载对命题的状态判决情况时,表述的状态为未知状态。

通常,结论的表述只有一个。主张结论成立的一方和论证的对方围绕一个结论表述展开论证。有时,会出现结论的表述一部分可以接受,一部分被反驳而不能接受的情况。为了避免重复建立论证图式,允许结论有多个表述。当结论有多个表述时,需要区分前提条件、假设条件和例外条件分别针对哪个结论表述,以及是否被接受。

对论证图式中结论的否定有两种方式:一种是针对前提条件、假设条件或者例外条件提出反向表述,指出条件不足以支撑结论;另一种是由反驳方构建新的论证图式,该论证图式的结论的表述与被反驳的论证图式的表述相对立,指出因为前者比后者更加合理,所以被反驳的表述不应该被接受。

各个论证图式之间存在两种联系关系:一个论证图式的结论表述可能是另一个论证图式的条件表述;两个对立的论证图式的结论存在对立关系。在具体的工程争议中,原告为了证明某项主张的合理和正确,构建若干论证图式,被告则否定论证图式中的结论。原被告构建的论证图式通过上述的两种联系关系形成非循环图状结构。

下面以某个建设工程变更争议案件为例,说明论证图式的具体建模过程。

根据判决书记载,争议原告身份是承包商,争议被告身份是业主。原告主张,根据工程招标文件16.1条的规定:原合同约定幅度以外的,其增加部分的工程量或者减少后剩余部分的工程量的综合单价由一方提出,双方确认后作为结算依据。在备案合同中双方约定的楼层是17层,18~21层属于约定幅度以外工程量,不应执行原有综合单价。《最高人民法院关于审理建设工程施工合同纠纷案件适用法律问题的解释》第十六条第二款规定:因设计变更导致建设工程的工程量或者质量标准发生变化,当事人对该部分工程价款不能协商一致的,可以参照签订建设工程施工合同当地建设行政主管部门发布的计价方法或者计价标准结算工程价款。江苏省建设厅苏建定〔2004〕290号文件5-1-(2)规定:"如合同中未明确规定,分部分项单项工程量变更超过15%,并且该项分部分项工程费超过总分部分项工程费的1%,综合单价可作适当调整"。本案增加4层楼后中建七局施工的住宅楼增加了24%的高度,工程量比备案合同原约定的17层工程量大幅增加,新增加的4层楼工程量超过江苏省建设厅文件规定的变更工程量可以不调整单价的15%上限。事后,双方当事人对于变更部分的工程价款亦未能协商一致,参照《最高人民法院关于审理建设工程施工合同纠纷案件适用法律问题的解释》第十六条第二款及江苏省建设厅苏建定〔2004〕290号文件5-1-(2)的规定,确认18~21层工程价款应据实结算,并无不当。被告主张,增加的工程量应适用备案合同综合单价。原告在招投标之前已经知道涉案工程将变更为21层,且招标文件与备案合同通用条款中对变更合同价款均有约定,原告主张的"双方在备案合同中对于新增加的工程如何计算未作约定"是错误的。江苏省建设厅苏建定〔2004〕290号文件不过是规范性文件,不能成为法院判决适用备案合同综合单价还是据实结算的依据。法官采纳了原告的主张。

利用法律论证模型,从以上争议解决过程中提取不同的论证图式,得到争议论证图式结构图,如图4-1所示。从图中可以看出:一个表述可能参与到多个论证图式中;一个论证图式的结论表述可以作为另一个论证图式的条件表述,两个论证图式通过表述发生关联;论证图式之间存在反驳关系。

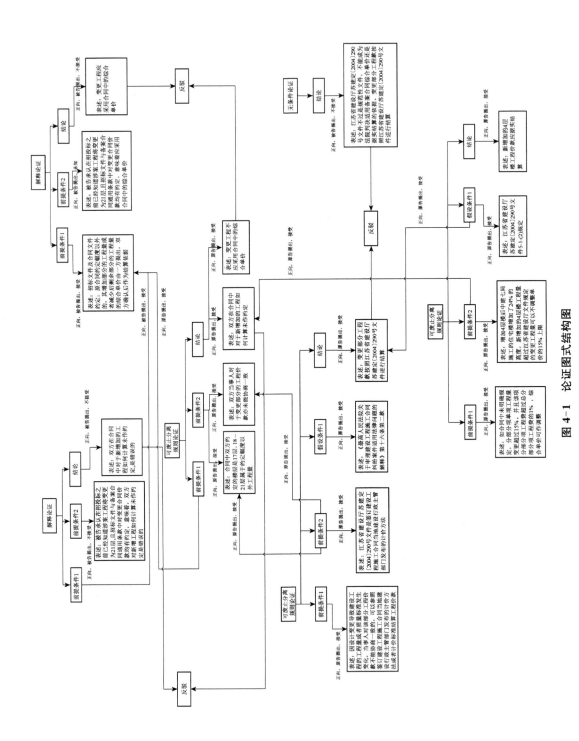

图 4-1　论证图式结构图

4.2.2　工程争议中的法律论证关系数据模型

目前,较为常用的数据库有关系数据库、面向对象数据库和 XML 数据库。关系模型由 Codd E. F. 于 1970 年提出,被广泛应用于各行各业,如银行、销售部门、医院或企业。关系数据库是数据表的汇集,每个表包含了一组属性,存放大量元组。每个元组代表一个对象,并被一组属性值描述[165]。现阶段主流的关系数据库有 Oracle、SQL、Access、DB2 等。面向对象数据库于 1985 年被提出,主要应用在计算机辅助设计 CAD、空间、高能物理和分子生物等领域。其中每个对象关联一个变量集,用于描述对象属性;一个消息集,用于与其他对象通信;一个方法集,用于响应收到的消息[165]。其主要问题是技术尚不成熟,理论还需完善。XML 数据库是 XML 文档的聚集[166],文档包括声明、元素、节点、属性等,最终形成树状结构。从形式上看,本研究收集的案例与 XML 文档比较类似,然而,由于 XML 数据库的管理功能尚不完善,且半结构化的文档依然存在语义复杂性的问题,不适合进一步的规则挖掘和预测。结合以上各种数据库的特点,本书采用传统的关系数据库存储案例,以此为基础,进行案例分析处理等工作。由于本研究的重点在于利用人工智能技术对收集的争议案例进行分析处理,提取争议管理相关的知识,因此并不需要使用大型的商业数据库系统,微软公司的 Access 数据库即可满足要求。Access 数据库是关系数据库的一种,界面友好,易操作,支持 SQL 语言,便于检索信息。

在构建案例库之前先介绍关系数据模型的基本概念。关系数据模型的三个主要概念是实体集、联系集和属性。实体集是具有相同类型及相同属性的实体集合。属性是实体集中每个成员具有的描述性性质。每个属性的取值范围被称为属性的域或值集。在实体集中,往往会设计一个或多个属性用于唯一地标识一个实体,被称为主键。联系集是 $n(n \geqslant 2)$ 个实体集的笛卡儿积的有限子集。若 E_1,E_2,$\cdots$,E_n 是 n 个实体集,联系集 R 是 $\langle (e_1, e_2, \cdots, e_n) \mid e_1 \in E_1, e_2 \in E_2, \cdots, e_n \in E_n \rangle$ 的一个子集,而 $(e_1, e_2, \cdots, e_n)$ 是一个联系。在关系数据库中,一般只考虑二元联系集。A 实体集通过一个二元联系集 R 与 B 实体集可能发生三种关系:一对一关系、一对多关系和多对多关系。在发生一对一关系时,一般会将两个表合并。发生一对多关系时,A 中的一个实体在 B 中有多个实体与之匹配,则在 B 中创建与 A 的主键相对应的属性。发生多对多关系时,为了描述关系集,创建第三个表,表中分别设置与 A、B 主键对应的属性。

下面根据 4.2.1 节中描述的法律论证形式,构建对应的关系数据模型,如图 4-2 所示。每个争议的基本信息由争议基本信息实体集描述,其中的争议 ID 代表每个争议的唯一编号。一个争议中,争议双方都会提出多个论证图式,争议 ID 作为外键被添加到论证图式实体集中。论证图式实体集中的论证图式 ID 代表每个论证图式的唯一编号,而论证图式类型属性取值范围是 4.2.1 节中设计的 16 种论证图式类型。论证图式的前提条件、假设条件、例外条件和结论的内容被记录在描述实体集的描述内容属性中,并且进行编号,将编号记录在描述 ID 中。成分实体集中的成员是论证图式中的某个前提条件或假设条件或例外条件或结论,以及其内容。论证图式实体集与成分实体集之间存在多对多的关系,被记录在论证图式构成联系集中。

表述实体集存储了论证图式中的所有表述,表述 ID 是每个表述的唯一编号。成分实体集与表述实体集之间存在多对多关系,记录在成分表述联系集中。每个表述的三个属性(方向、提出表述一方的身份和表述是否被接受)分别被表示为成分表述联系集中的三个属性(方向、

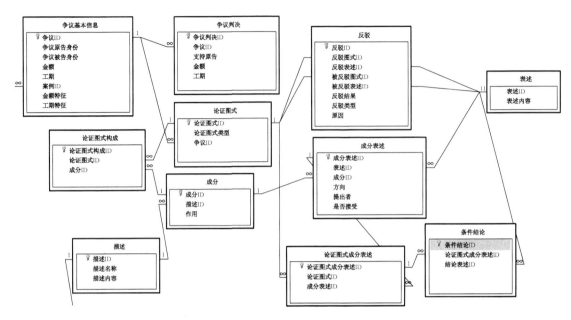

图 4-2　工程争议法律论证关系数据模型示意图

提出者和是否接受)。论证图式实体集与成分表述实体集之间存在多对多关系,记录在论证图式成分表述联系集中。

当论证图式的结论的表述不止一个时,需要区分前提条件、假设条件和例外条件的表述分别针对哪个结论表述,以及是否被接受。因此,设计了条件结论表述联系集,其中的论证图式条件表述 ID 中包含了论证图式 ID 与成分表述 ID 的信息,用于表示当前论证图式中某条件的表述,而结论表述 ID 表示条件表述针对的结论表述。

论证图式之间的反驳关系由反驳实体集表示,其中反驳图式 ID 和反驳表述 ID 代表构建的反驳论证图式及其结论的表述,而被反驳图式 ID 和被反驳表述 ID 代表被反驳论证图式及其表述,反驳结果记录了被接受的表述的 ID,反驳类型分为对结论的反驳和对条件的反驳,原因记录了接受反驳结果的理由。

由于争议的法律论证关系数据模型比较复杂,直接在 Access 中向各个数据表录入数据的效率比较低,也容易出错。因此,在 Access 中设计了信息录入界面,并利用 Access 的 VBA 编程功能实现录入数据的重复性检测以及关联实体集的录入步骤简化。工程争议的论证过程的录入被分为三个部分:争议相关信息录入(图 4-3)、论证图式相关信息录入(图 4-4)和论证图式的反驳关系录入(图 4-5)。由于论证图式相关信息录入比较复杂,下面围绕图 4-4 做具体介绍。

录入论证图式相关信息时,首先进入论证图式录入过程,填写论证图式 ID、争议 ID 和论证图式类型,点击"新增",将信息写入论证图式表中。其次,进入成分录入过程,在文本框中填写相应信息,点击"新增",先进行成分表的重复性检查,判断是否已存在相同描述 ID 和作用的成员。如果存在,不进行新增,如果不存在,在成分表中新增成员。同时,将论证图式 ID 文本框和成分 ID 文本框的内容取出,写入论证图式构成表中。写入之前,进行重复性检查,判断是否已存在具有相同论证图式 ID 和成分 ID 的成员。接着,进入表述录入。之后,进入成分表述录入,点击"新增"后,将论证图式 ID、成分 ID、表述 ID、提出者、方向、是否接受等对应的文本框内容取出,写入成分表述表中。最后,如果论证图式中出现多个结论表述,则进入条件结论关系录入。在图 4-4 中,右边的四个数据表起到查看相关信息,进而辅助录入的功能。

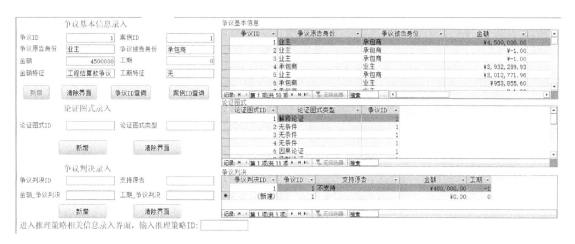

图 4-3　争议相关信息录入界面

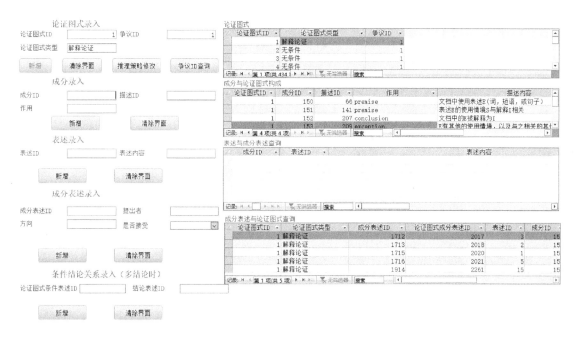

图 4-4　论证图式相关信息录入界面

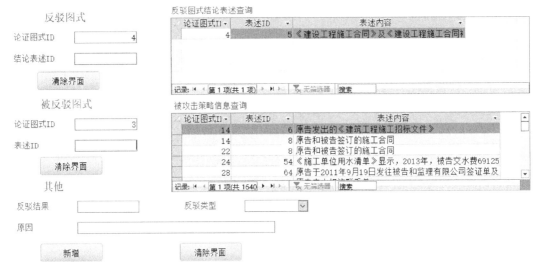

图 4-5　论证图式的反驳关系录入界面

值得注意的是,将争议的论证图式的表述和争议判决结果的数据提取出来,经过处理转换,生成判决案例集,如表 4-1 所示。案例集的属性行是提取出的可能影响判决结果的各项因素,这些因素来自论证图式的表述。由于表述过于具体化,在原有表述的基础上做了抽象化归类。因素的取值为{Y,?},其中"Y"代表因素存在,"?"代表不存在。类标号属性是判决结果,取值为{1=原告胜诉,2=原告败诉,3=被告胜诉,4=被告败诉}。书中第六、七、八章的预测算法相关的判决案例集是工程变更判决案例集,该案例集与表 4-1 相似,构建方法也基本一致。具体的工程变更判决案例集参见 6.6.2 节。

表 4-1　判决案例集

Case_ID	Loss_ID	Judgement_1	Judgement_2	...	Judgement_N	Result
1	1	Y	Y	...	?	1
1	2	?	Y	...	?	1
...	...	...	...	...	...	...

4.3　工程质量缺陷关系数据模型

由第三章可知,承包人需要承担工程质量义务,当发包人认为承包人违反了质量义务时,双方产生质量缺陷争议。而要解决此类争议,首先需要明确工程质量缺陷的含义。因此,在设计工程质量缺陷争议案例库时,与质量缺陷概念对应的工程质量缺陷实体集也是必不可少的组成部分。

《现代汉语词典》(第 7 版,商务印书馆)中关于"质量"和"缺陷"的定义分别是"产品或工作的优劣程度"和"欠缺或不够完备的地方"。我国《建设工程施工合同(示范文本)》(2017 年版)中第 5.1.1 条约定,工程质量标准必须符合现行国家有关工程施工质量验收规范和标准的要求,第5.1.3条规定因承包人原因造成工程质量未达到合同约定标准的,发包人有权要求承包人返工直至工程质量达到合同约定的标准为止,并且由承包人承担此增加的费用和(或)延误的工期。《房屋建筑工程质量保修办法》第三条第二款规定,"本办法所称质量缺陷,是指房屋建筑工程的质量不符合工程建设强制性标准以及合同的约定"。Cho Y. J. 等认为工程质量缺陷是指工程中无法实现合同中定义的功能的部分[28]。Mills A. 等强调缺陷是在建筑使用中暴露出的性能不足[60]。综合以上观点,可以看出,建设工程质量缺陷分为两种:一种是在工程建设过程中,工程师通过验收可以发现的缺陷;另一种是工程使用过程中暴露出的缺陷。在此,本书给出工程质量缺陷的定义:工程质量缺陷是指工程在建设过程或使用过程中暴露出的,无法满足合同中规定的性能、外观、耐用程度以及可靠性方面的标准的部分。

在明确了工程质量缺陷的概念之后,需要解决的问题是如何描述质量缺陷,以及在数据库中设计工程质量缺陷实体集。Georigiou J. 等将缺陷分为技术相关、外观相关和功能相关,技术相关指由于材料或工艺原因使得工程构件无法满足结构要求,外观相关指工程构件的外观有明显的缺陷,功能相关指工程的设备无法实现功能[167]。Sommerville J. 等在 Georigiou J. 的基础上加入遗漏相关缺陷,即指建筑工程某组成部分在建造时被遗漏[168]。Forcada N. 将缺陷的种类分为与水有关(如漏水)、外观、污染、误差、分离、遗漏项、功能受损、不正确安装和损毁,同时还研究了缺陷的种类与建筑物构件的相关性[58]。Georigiou J. 等区分了由建造过程导致的缺陷和由工程使用者不当保养导致的缺陷[169]。Josephson P. E. 等将缺陷的来源分为设计、业主、现场监理、工艺、分包商、材料和设备,同时将缺陷看成是一系列事件,包括原因、错误的操作、结果和修补[55]。Thomas H. R. 等将缺陷产生的原因分为两类:一种被称为明显原因,与责任人没有尽到责任相关;另一种被称为根原因,是导致目标缺陷的工程其他相关构件的缺陷[18]。

从文献中可以看出,与工程质量缺陷相关的信息可以分为两类:缺陷特性的描述和缺陷因果的描述。缺陷与其所在的工程构件有关,描述工程构件的属性有材料、构件功能、位置、朝向、形状、大小和强度。描述缺陷的属性有类型、大小、位置、程度和形状等。然而,在实际的判决书中,并没有如此详细的记载,同时,上述的属性中并不是所有属性都与本研究相关。因此,对以上属性进一步筛选,得到主要的三个属性:工程构件的材料、构件功能和缺陷类型。材料的属性取值包括混凝土、钢筋、钢、螺栓、涂料、水泥、玻璃、PVC 管、抹灰、石膏、木材、砖、石头、土、砂浆、铜、铝、GRC、沥青、胶水、橡胶、环氧涂层、砂石、焊缝、瓷砖、沥青卷材等。构件功能的属性取值包括模板、内墙、外墙、地基、屋顶、梁、板、柱、地面、洞口、天花板、楼梯、踢脚线、水管、通风口、门、窗户、窗台、栏杆、雨篷、散水、承台、阳台、屋桁架、吊顶龙骨、门廊、檩条、支撑、变形缝、伸缩缝、沉降缝、电气、管线、电缆、HVAC、保温、防腐、防火、防水、地下室、屋顶排水、排水系统、基准点、明沟、路面、污水处理、桥梁支座、设备、母线槽等。缺陷类型与材料和构件功能相关。以地基的缺陷为例,包括流沙、漏水、桩长度不够、断裂、管涌、坍塌、沉降、倾斜、偏离等。

缺陷的因果关系分为两种情形:一种是由另外的工程构件的缺陷导致;另一种是由项目参与方的失误导致的缺陷。如某工程梁的混凝土开裂,原因有两种:一是梁的钢筋强度不够;二是混凝土浇捣不当。而钢筋强度不够又是因为设计方设计错误。钢筋强度不够被归为工程构件的缺陷,而设计不当和浇捣不当被归为参与方失误。该因果关系可以表示为图4-6。

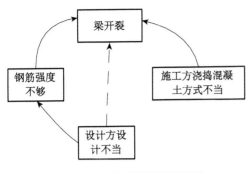

图 4-6　工程质量缺陷因果图

在设计缺陷因果实例集(Defect_cause)时,除了 ID 属性以外,设计原因属性(Cause_ID)和结果属性(Defect_classification_ID)的取值分别来自缺陷表(Defect_classification)和与缺陷相关事件表(Defect_event)。缺陷相关事件表中记录了与参与方有关的导致缺陷产生的事件,如图 4-7 所示。需要注意的是,该表中的参与方也包括了自然环境。这样便将图 4-6 所示的因果图记录在关系数据库中。

Defect_Classification : 表

DS_Id	Material	Function	Defect_type
DS_Id_1	Cast-in-place concret	Wall	Low_strength
DS_Id_10	Null	Formwork/Shoring	Swelling
DS_Id_100	Cast-in-place concret	Null	Honeycomb_of_concrete
DS_Id_101	Null	Foundation	Collapse
DS_Id_102	Null	Disposal	Function_not_work
DS_Id_103	Steel	Roof	Pulled
DS_Id_104	Steel	Roof	Leaking_water

Defect_Event : 表

DE_Id	Subject	Event_type
DE_Id_1	Contractor	Material_low_quality
DE_Id_10	Owner_site_manager	Site_manager_failed_inspect_construction_plan_error
DE_Id_11	Owner_site_manager	Site_manager_failed_inspect_component_defect
DE_Id_12	Contractor	Protect_poor
DE_Id_13	Owner	Maintance_improper
DE_Id_14	Owner	Use_beyond_design
DE_Id_15	Nature	Bad_weather

Defect_Cause : 表

Defect_cause_ID	Defect_classification_ID	Cause_ID
DC_Id_1	DS_Id_1	DE_Id_9
DC_Id_10	DS_Id_6	DS_Id_9
DC_Id_100	DS_Id_84	DE_Id_11
DC_Id_101	DS_Id_60	DE_Id_11
DC_Id_102	DS_Id_87	DE_Id_22
DC_Id_103	DS_Id_50	DE_Id_9

图 4-7　工程质量缺陷因果表

4.4　本章小结

本章主要研究了如何将工程争议解决中的论证过程转换为结构化的论证模型,以及设计关系数据模型存储争议基本信息、争议中的法律论证过程信息和争议涉及特定工程信息。首先,结合人工智能中的推理逻辑模型,研究得到工程争议论证中常用的 16 种论证图式,分析了论证图式之间的关系,构建论证图式结构图。接着,将论证图式模型转换为关系数据模型,设计了关系数据录入界面。最后,以质量缺陷为例,给出了争议涉及特定工程信息的关系数据模型。本章设计的案例库是整个研究的基础,一方面实现了信息的有效存储和快速检索,另一方面也为人工智能技术提供了研究对象。

第五章 基于分层关联规则挖掘算法的争议案例分析

5.1 概述

本章的主要目的是采用关联规则挖掘算法对建设工程合同争议案例进行分析,寻找案例属性中的频繁模式,进而提取出争议管理相关的规则,利用这些规则提高工程争议管理的效率和能力。第三章中对收集的样本进行过初步的统计,主要统计了目标发生的频率,也考虑了两个因素之间的关联性分析。而本章则在第三章的基础上,将两因素之间的关联性拓展到多项因素、多层次之间的关联性分析。从第二章可以知道很多人工智能领域的学者都致力于开发不同的算法从收集的数据库中提取有用的信息。本章开始将这些方法引入到工程争议纠纷案例中,结合案例本身的特性,对算法进行改进,使之更适合于争议案例的分析。

5.2 概念分层的关联规则算法

在构建数据库将文本数据转化为结构化数据形式后,考虑利用数据挖掘技术从中提取有用的信息。频繁模式是频繁出现在数据集中的模式,而频繁模式挖掘提取给定样本集中反复出现的模式,找到有意义的联系和相关[86]。本节将介绍关联规则挖掘的 Apriori 算法,接着引入概念分层概念,解决争议案例集的数据稀疏性问题。

5.2.1 Apriori 算法

设 $I = \{I_1, I_2, \cdots, I_m\}$ 是项的集合。一个事务数据表记录了每次事务中发生的项,如表 5-1 所示。设 A 是一个项集,其中包含了 k 个项,则称 A 为 k 项集。一个事务 T 包含 A 当且仅当 $A \subseteq T$。统计事务数据表中包含 A 的事务个数,该值被称为 A 的绝对支持度。当 A 的绝对支持度满足预定义的最小支持度阈值时,则 A 是频繁项集。所有频繁 k 项集的集合记作 L_k。

设 B 是一个项集,则关联规则是形如 $A \Rightarrow B$ 的蕴涵式,满足 $A \bigcap B = \varnothing$。规则的支持度 s 是包含 $A \bigcup B$ 的事务个数占总的事务个数的比例,即概率 $P(A \bigcup B)$($A \bigcup B$ 表示同时包含 A,B)。规则的置信度 c 是包含 A 的事务同时也包含 B

表 5-1 事务数据表

事务ID	项列表
T100	I_1, I_3, I_8, I_{16}
T200	I_2, I_8
...	...

45

的百分比,即条件概率 $P(B|A)$。将以上概念表示为公式:

$$support(A{\Rightarrow}B) = P(A \bigcup B)$$
$$confidence(A{\Rightarrow}B) = P(B|A)$$

同时满足最小支持度阈值(min_sup)和最小置信度阈值(min_conf)的规则称为强规则。

Apriori 算法被认为是最有影响的挖掘关联规则频繁项集的算法[86]。算法运用 Apriori 性质压缩搜索空间,对事务表逐层搜索,k 项集用于探索 $(k+1)$ 项集。Apriori 性质是指频繁项集的所有非空子集也必须是频繁的[86]。该算法主要有两步:

1) 连接步:将 L_{k-1} 与自身连接产生候选 k 项集的集合。将 L_{k-1} 中的项按字典次序排好,连接 $L_{k-1} \otimes L_{k-1}$ 就是依次比较 $(k-1)$ 项中的前 $(k-2)$ 个项,如果相同,则将第 $(k-1)$ 个项加入,注意相同的两项不做比较。

2) 剪枝步:针对连接步产生的 k 项集,确定每个候选项集的绝对支持度,从而确定 L_k。由于此处的计算量很大,可以用 Apriori 性质先进行筛选,找出 k 项集中每一项的 $(k-1)$ 项子集,如果该子集中项集不是 L_{k-1} 中的元素,则删除此项。

具体步骤可见参考文献[86,144]。

得到频繁项集之后,可从中提取强关联规则。此时,支持度 s 满足 min_sup,而置信度 c 可从 A 和 $A \bigcup B$ 的绝对支持度推出,即

$$confidence(A{\Rightarrow}B) = P(B|A) = \frac{support\_count(A \bigcup B)}{support\_count(A)}$$

根据上式,关联规则的产生步骤如下:首先对于每个频繁项集 l,求出 l 的非空子集;其次对于 l 的每个非空子集 l_s,如果 $\frac{support\_count(l)}{support\_count(l_s)} \geqslant min\_conf$,则输出规则"$l_s {\Rightarrow} (l-l_s)$"。

5.2.2 概念分层的 Apriori 算法

直接进行频繁项集挖掘时,由于数据的稀疏性,使得在数据项之间很难找到强关联规则,成为挖掘的一大问题。究其原因,主要是对数据的描述过于详细,使得项集中个数 m 偏大,这样事务表的每一事务中包含的项变得分散。Han J. 等构建了概念分层解决此问题[147]。

概念分层是一种树状结构,结构中每个节点代表一种概念,父节点的概念比子节点抽象,子节点代表的概念比父节点更明确,可以被父节点代表的概念概括。如工程缺陷可以被材料、部件、种类等属性描述,其数据表如表 5-2 所示。按照属性的顺序,缺陷概念可以分为三层:首先缺陷分为柱、屋顶、墙、梁等种类,柱又分为混凝土部分、钢筋部分、抹灰部分等,屋顶分为钢屋顶和屋顶砂浆部分,混凝土柱根据不同类型的缺陷分为裂缝和倾斜等。该结构如图 5-1 所示。

表 5-2 缺陷表

缺陷编号	部件	材料	种类	…
I_1	柱	混凝土	裂缝	…
I_2	屋顶	钢材	漏水	…

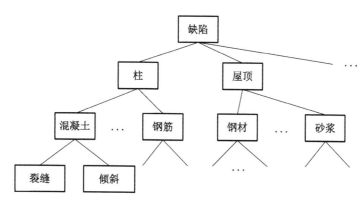

图 5-1　概念分层示意图

利用概念分层可以将底层概念用祖先概念结点替换,对数据进行泛化,而原始数据组成了分层结构的叶节点。这样,在原始层数据中难以发现的频繁项集和规则可以在它们的上层找到。

挖掘多层关联规则首先需要对概念分层的节点编码。Han J. 等在文献[147]中给出了编码规则,根节点定义为第 0 层,从第 1 层节点开始,从左到右分别记为 1, 2, 3, …, n。第 2 层节点的编码是在父节点编码后加"."以及在所有兄弟节点中所处的位置。例如混凝土柱倾斜的编码是"1.1.2",第一个"1"表示第一层的柱,第 2 个"1"表示柱节点的子节点中的第 1 个节点混凝土,第 3 个"2"表示混凝土节点的子节点中的第 2 个节点倾斜。对概念分层中的每个节点编码之后,将事务数据表的项用编号代替。

然而概念分层在对数据表表示的概念进行泛化时,经常遇到一个节点多个父节点的情况。如表 5-2 表示的缺陷表中,材料属性取值中的砂浆既可以形容屋顶也可以表示道路,此时的概念分层表示为图 5-2。此时,节点砂浆的编号有两个:"1.2"和"2.1",而开裂的编号也有两个:"1.2.1"和"2.1.1"。这样不光造成了编码的增加,同时还无法区分屋顶的砂浆和道路的砂浆。

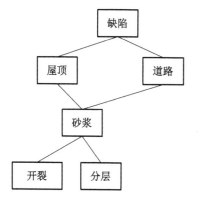

图 5-2　多个父节点的概念分层

表 5-3　缺陷表编码

缺陷编号	缺陷编码
I_1	柱.混凝土.裂缝
I_2	屋顶.钢材.漏水
…	…

为了解决这个问题,我们考虑直接对缺陷表编码。首先,将缺陷表中的除了编码以外的属性按照需要进行筛选并调整顺序。其次,为了方便检索,不用数字对属性值编码,而直接用属性名的字符串。经过编码后的缺陷表如表 5-3 所示。

对比两种编码方式,可以发现它们适用的场合不同,当挖掘对象的概念分层只有树状分类结构时,适合用第一种形式的编码。当概念分层可以用表描述时,适合用第二种形式的编码。

概念分层的 Apriori 算法的具体步骤如下。

算法:概念分层的 Apriori。

输入:

■ D:事务数据表;

■ P:属性描述表;

■ A[i]:一维数组,存放筛选过后的属性编号;

■ Min_sup:最小支持度计数阈值。

输出:L:D 中的不同层次的频繁项集。

方法:

1) HashMap TableId＝generateIdTable(P, A);//TableId 中,Key 是缺陷编号,Value 是编码;

2) D_Id＝load(D) //将 D 中的商品编号用商品编码替换,存放在 D_Id 表中;

3) level＝1; k＝1; //l 表示层数,k 表示频繁 k 项集;

4) itemSets＝generateCandidate(D_Id, TableId, null level, k); //生成第 level 层的频繁 k 项集的候选项集;

5) while (itemSets. size()＞0){

6)   F＝getFilteredSets(itemSets, D_Id); //将不满足阈值的项集删除

7)   if (l==1)&(k==1) {D_Id2＝filterT2(D_Id, F); //将事务表中不满足条件的项删除

8)   itemSets＝generateCandidate(D_Id, TableId, F, level, ＋＋k);

9)   while(itemSets. size()＞0) {

10)   F1＝getFilteredSets(itemSets, D_Id); //将不满足阈值的项集删除

11)   itemSets＝generateCandidate(D_Id2, F1, level, ＋＋k);}

12)   itemSets＝generateCandidate(D_Id2, F, ＋＋level, 1); //生成第 level＋1 层的频繁 1 项集的候选项集}

5.2.3 其他形式的分层挖掘算法

本小节将在 5.2.2 节算法的基础上进行扩展,考虑如何修改算法以满足不同挖掘需求。

(1)以上的分层算法适用于自上往下一层一层地挖掘频繁项集,即先挖掘部件层,其次部件. 材料层,最后挖掘部件. 材料. 类型层。此时,可以得到频繁项集,如:{混凝土柱,混凝土墙}。然而,我们可能对第 1 层和第 3 层比较感兴趣,比如想找到{地基下沉,墙开裂}。为了满足以上需求,只需要在对商品表编码时以"＊"代替第二层的编码,比如:{地基. ＊. 下沉,墙. ＊. 开裂}。在计算项集的发生频率时,跳过"＊"层。

(2)放宽在同一层次上挖掘频繁项集的要求,考虑在层次之间的挖掘。这将产生类似于{墙. 混凝土. 开裂,地基下沉}的频繁项集。此时,在每层产生的候选 1 项集中包含不同层次的编码,如:{墙. 混凝土. 开裂,地基. ＊. 下沉}。算法上只需要在每层的候选 1 项集中加入上一层的频繁 1 项集的项。

(3)考虑概念分层中的属性值是另一张表的主键的情形。在本书研究的质量缺陷因果表中,属性 Defect_classification_Id 和 Cause_Id 的取值范围是质量缺陷表的 ID 属性,以及缺陷相关事件表的 ID 属性,见图 4-7。与因果表相关的事务表是 PDC 表(PDCause_event),如图 5-3 所示。

PDCause_event_table：表

PDCause_Id	Project_Id	Defect_cause_Id
1	(2012)未民二初字第00105号	DC_Id_1
2	(2012)未民二初字第00105号	DC_Id_2
3	(2012)未民二初字第00105号	DC_Id_3
4	(2007)汉中民初字第23号	DC_Id_4
5	(2007)汉中民初字第23号	DC_Id_5
6	(2007)汉中民初字第23号	DC_Id_6
7	(2007)汉中民初字第23号	DC_Id_7
8	(2007)汉中民初字第23号	DC_Id_8
9	(2007)汉中民初字第23号	DC_Id_9
10	(2007)汉中民初字第23号	DC_Id_10
11	(2007)汉中民初字第23号	DC_Id_11

图 5-3 缺陷因果事件表(PDC 表)

当不考虑概念分层时，直接利用 Apriori 算法，得到频繁项集形如{DC_Id_1, DC_Id_6}。DC_cause_Id 有两个层次：Defect_classification_Id 和 Cause_Id，而 Defect_classification_Id 和 Cause_Id 分别有各自的概念层次。要实现 DC_cause_Id 的分层关联规则挖掘，只需要对分层 Apriori 算法稍加改动即可实现。

具体步骤如下：

1）对缺陷表进行概念分层的编码，并保存到 HashMap 中，见表 5-4(a)。

2）将缺陷因果表的属性 Defect_classification_Id 和 Cause_Id 的值用相应的编码代替，见表 5-4(b)，再将之合并，最后形成类似“Steel. Roof. Pulled. Bolt. Roof. Bolt_missing/loose”的编码。

表 5-4 编码表

(a) 缺陷表编码

DS_Id	Defect_hierarchy
DS_Id_103	Steel. Roof. Pulled

(b) 缺陷因果表编码

Defect_cause_Id	Defect_classification_Id	Cause_Id
DC_Id_139	Steel. Roof. Pulled	Bolt. Roof. Bolt_missing/loose

3）由于缺陷因果表的属性 Defect_classification_Id 和 Cause_Id 的取值范围并不单一，都来自两个表的 ID 编号：缺陷分类表和缺陷事件表，这使得直接用一种分层顺序无法得到想要的结果。考虑将编码分为四种类型，分别是 PDS_ID 与 PDS_ID，PDS_ID 与 PDE_ID，PDE_ID 与 PDS_ID，PDE_ID 与 PDE_ID。针对每种编码类型，相应给出每个层次上的顺序，如表 5-5 所示。这样，对不同的编码类型，挖掘不同层次上的频繁项集。需要注意的是，表 5-5 中的“−1”表示没有该层次或对该层次不感兴趣。

表 5-5 分层顺序

编码类型	层次 1	层次 2	层次 3
PDS_ID 与 PDS_ID	{1, 1}	{2, 2}	{3, 3}
PDS_ID 与 PDE_ID	{1, 1}	{2, 1}	{3, 1}
PDE_ID 与 PDS_ID	{1, 1}	{1, 2}	{1, 3}
PDE_ID 与 PDE_ID	{1, 1}	{−1, −1}	{−1, −1}

4) 在概念分层的 Apriori 算法中,频繁项集不光记录项集的编码,还需要记录编码的类型,每一层的 $k = 1$ 项集中也需要记录编码类型。

(4) 限制下的关联挖掘。尽管分层关联挖掘可以有效地解决数据稀疏性的问题,然而由于样本集中的每个样本所记录的信息可能并不相关,这些不相关的样本导致项集的频率下降,使得算法无法找到频繁项集。同时,在挖掘过程中发现的很多规则,用户可能并不感兴趣,为了排除不感兴趣的规则需要消耗用户额外的精力和时间。因而,在挖掘中有必要做出限制。

文献[86]中总结的限制有知识类型限制、数据限制、维/层限制、兴趣度限制和规则限制。本研究的限制主要用于属性表上,将属性表上的某个或某几个属性取值固定,并以此为条件对事件表进行筛选,去除不满足条件的样本数据。例如,在挖掘缺陷发生表时,令 Defect_classification 表的"Function"属性取值为"Wall",最后得到的频繁项集都是与墙体有关的缺陷集合。

5.3 算法应用

本节将 5.2 节中的算法应用于质量缺陷争议案例中,分别研究工程质量缺陷之间的频繁项集和关联性以及质量缺陷诉讼论证过程中的频繁项集和规则。工程质量缺陷争议案例库包括了缺陷表、缺陷因果表、争议因素表和推理过程表等,具体设计如 5.2 节中描述。

5.3.1 数据预处理

在利用分层 Apriori 算法对争议案例集进行处理分析之前,首先需要对输入数据集进行预处理,具体过程包括以下步骤:

(1) 消除冗余性

由于数据表中的数据项是不断从案例中发现并添加的,因而会出现冗余的情况。以缺陷表(Defect_classification)为例,表中包含四个属性,见图 4-7。除去编号项以外的三个属性描述缺陷的特征。在输入数据之前,可以对属性取值编号,直接生成 $n_1 \times n_2 \times n_3$ 个项以及相应的编号。然而,这种做法会产生大量不存在的缺陷种类,比如材料玻璃不会用于梁或板,也不会出现堵塞缺陷。同时,这样也使得在缺陷发生表 PDS 表(表 5-9)中添加缺陷项时,在缺陷表中搜索较为麻烦。本研究中采取的做法是在分析案例时先添加缺陷种类表中的项,再将之加入缺陷事件表。但是这样做会导致不同编号指向同样的缺陷特征描述。为了解决这种情况,在 Access 中设计表格时,将不可重复的三个属性同时设置为主键,而将编号项的"索引"设置为"有(无重复)"。

(2) 缺失值处理

当样本的某个属性取值在案例中未曾提及时,出现了缺失值的情况[86]。有时缺失值可以从案例中的已知信息推导得到,然而大多数情况下,缺失值信息无法获得。文献[86]中提到处理缺失值的一些方法,如使用属性平均值填充和使用最可能的值填充。由于本章研究对象的属性为定性属性,而属性之间并无关联性可以用来推导属性值。因此,本章对缺失值使用 Null 字符串填充。

(3) 输入数据转换

利用 Apriori 算法分析数据时,算法的输入数据格式如表 5-6 所示。属性 Id 表示案例名,所有发生过的 Item 组成属性,属性值"Y"表示出现,"?"表示未出现。然而案例库中数据表的格式如表 5-7 所示,表由两列构成,案例名(Id)和属性名(Item Name)。由于两种数据格式不同,因此表 5-7 无法直接输入算法,需要先进行转换。

表 5-6　Apriori 算法输入数据表

Id	Item1	Item2	…	ItemN
1	Y	Y		?
2	Y	?		Y
…	…	…	…	…
M	Y	?		?

表 5-7　案例库数据表

Id	Item Name	Id	Item Name
1	Item1	2	ItemN
1	Item2	…	…
2	Item1	M	Item1

数据转换利用 Weka 软件实现。转换按照以下步骤进行:

1) 将 Access 中的事务表输入 Excel 中,按 Id 属性排序,存为 CSV 文件,在 Weka 中点击"Open file"选项,打开.CSV 文件,如图 5-4 所示。

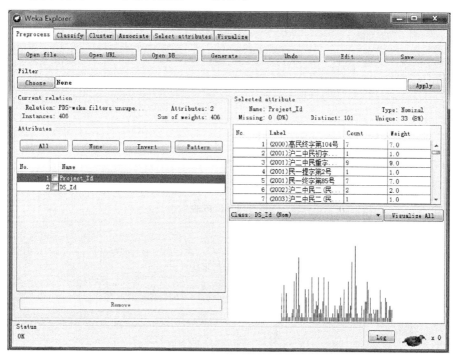

图 5-4　Weka Explorer 窗口

2）点击"Save"选项，将打开的 CSV 文件存为 ARFF 文件，这样可以直接在 Weka 的 Java 源代码中分析处理数据。

3）在 Eclipse 中创建项目，新建 Class 文件，读入 ARFF 文件，调用 Weka 程序包中的 Denormalize 函数，将数据格式转换，转换后的数据如图 5-5 所示，图中"?"表示未发生。

DefectMining_matrix										
	A	B	C	D	E	F	G	H	I	J	K
1	DS_Id_124	DS_Id_27	DS_Id_14	DS_Id_118	DS_Id_66	DS_Id_138	DS_Id_151	DS_Id_3	DS_Id_67	DS_Id_68	DS_Id_69
2	1	1	1	1	1	1	1	?	?	?	?
3	?	?	?	?	?	?	?	1	?	?	?
4	?	?	?	?	?	?	?	?	1	1	1
5	?	?	?	?	?	?	?	?	?	?	?
6	?	?	?	?	?	?	?	?	?	?	1
7	?	?	?	?	1	?	?	?	?	?	?

图 5-5　Apriori 算法输入表

5.3.2　质量缺陷挖掘

工程质量缺陷方面的规则挖掘根据挖掘对象的不同被分为两类：缺陷发生的关联性挖掘和缺陷因果的关联性挖掘。第一类是以缺陷表为对象，第二类是以缺陷因果表为对象。下面分别给出挖掘的过程和结果。在挖掘之前先给出算法用到的参数，见表 5-8。

表 5-8　参数表

参数名	类型	取值范围	含义
minSupport	小数	(0, 1)	频繁项集的最小支持度
minMetric	小数	(0, 1)	规则的最小置信度
Filtered	布尔类型	true, false	是否给定限制
Sequence	向量	类似[1, 2, 3]	单个属性表时的层次顺序
sequence_multi	多维向量	类似[[[1, 1], [1, 1]], [[2, 2], [2, 2]]]	因果表的层次顺序

（1）缺陷发生关联性挖掘

缺陷发生关联性挖掘针对的事件表是 PDS 表，如表 5-9 所示，相关的属性表是 Defect_classification 表，如图 4-7 所示。令 minSupport＝0.1，minMetric＝0.7，Filtered＝false，Sequence＝[3，4，2]，得到频繁项集如图 5-6 所示。

表 5-9　PDS 表

PDS_Id	Project_Id	DS_Id
241	(2000)高民终字第 104 号	DS_Id_118
238	(2000)高民终字第 104 号	DS_Id_124
...	...	...

从图 5-6 所示的频繁项集中进一步可以得到关联规则如下：

①.　*.Beams.Cracks.　*　⇒　*.Beams.Low strength.　*　　　　　　　　　　Conf：75%

②. *. Beams. Low strength. * ⇒ *. Beams. Cracks. *   Conf:75%

③. *. Foundation. Settlement. * ⇒ *. Wall. Cracks. *   Conf:83%

④. *. Road. Cracks. * ⇒ *. Road. Thin. *   Conf:78%

⑤. *. Roof. Gap. * ⇒ *. Roof. Leaking_water. *   Conf:75%

⑥. *. Water-proof. Cracks. * ⇒ *. Roof. Leaking_water. *   Conf:80%

⑦. *. Slabs. Protection_thickness. * ⇒ *. Slabs. Cracks. *   Conf:100%

⑧. *. Slabs. Thin. * ⇒ *. Slabs. Cracks. *   Conf:83%

⑨. *. Slabs. Protection_thickness. * ⇒ *. Slabs. Thin. *   Conf:100%

⑩. *. Wall. Hollowing. * ⇒ *. Wall. Leaking_water. *   Conf:80%

图 5-6 的结果是从直接利用 Apriori 算法进行挖掘得到的结果中进一步筛选得到的,其中 L[1, k] 表示 1 层 k 项集。1 层 2 项集给出了经常同时发生缺陷的 2 种分部分项工程,比如地板和墙、屋顶和墙、楼板和墙等。1 层 3 项集则给出了 3 种经常一起出现缺陷的建筑部件,如〈柱、楼板、墙〉、〈地板、管道、墙〉等。利用这些信息,可以在检查某一部件的缺陷时也注意其他部件是否符合建造质量要求。在缺陷发生并产生损失之前及时发现并修复。

对缺陷的描述进一步细化,在建筑部件的基础上加上缺陷类型的描述,得到 L[2, 2]。在对 L[2, 2] 二次筛选时,有三条准则:

1) 保留同一部件的不同缺陷;

2) 保留同一类型缺陷;

3) 支持度较高。

经过二次筛选后的 L[2, 2] 见图 5-6。从图中可以得到经常同时发生的缺陷:梁开裂和梁强度不够、地坪开裂和地坪起砂、地坪开裂和地坪空鼓、地基下沉和墙开裂、路面开裂和路厚度不够等。其中,楼板开裂和墙开裂可能是同一批工人在施工时操作不当导致的,也可能是同一批混凝土有缺陷而导致的。尽管成对出现并不表示有因果关系,然而也可以提醒人们在发现一种缺陷时考虑检查另外一种缺陷的存在与否。

```
==============================================================
L [ 1, 2 ] Minimum Support : 3 Maximum Support : 100
==============================================================
Item ⟹ Frequency
==============================================================
[*.Basement.*.*, *.Wall.*.*] ⟹ 6
[*.Beams.*.*, *.Columns.*.*] ⟹ 6
[*.Beams.*.*, *.Wall.*.*] ⟹ 6
[*.Columns.*.*, *.Slabs.*.*] ⟹ 8
[*.Columns.*.*, *.Wall.*.*] ⟹ 9
[*.Floor.*.*, *.Plumbing.*.*] ⟹ 5
[*.Floor.*.*, *.Roof.*.*] ⟹ 7
[*.Floor.*.*, *.Wall.*.*] ⟹ 13
[*.Foundation.*.*, *.Wall.*.*] ⟹ 7
[*.Plumbing.*.*, *.Roof.*.*] ⟹ 7
[*.Plumbing.*.*, *.Wall.*.*] ⟹ 8
[*.Roof.*.*, *.Slabs.*.*] ⟹ 5
[*.Roof.*.*, *.Wall.*.*] ⟹ 11
[*.Roof.*.*, *.Water-proof.*.*] ⟹ 6
[*.Roof.*.*, *.Windows.*.*] ⟹ 5
[*.Slabs.*.*, *.Wall.*.*] ⟹ 10
[*.Wall.*.*, *.Water-proof.*.*] ⟹ 7
[*.Wall.*.*, *.Windows.*.*] ⟹ 6
==============================================================
```

```
=================================================================
L [ 1, 3 ] Minimum Support : 3 Maximum Support : 100
=================================================================

Item ⟹ Frequency

[*.Beams.*.*, *.Columns.*.*, *.Slabs.*.*] ⟹ 4
[*.Beams.*.*, *.Columns.*.*, *.Wall.*.*] ⟹ 4
[*.Columns.*.*, *.Roof.*.*, *.Slabs.*.*] ⟹ 4
[*.Columns.*.*, *.Slabs.*.*, *.Wall.*.*] ⟹ 6
[*.Floor.*.*, *.Plumbing.*.*, *.Wall.*.*] ⟹ 5
[*.Floor.*.*, *.Roof.*.*, *.Wall.*.*] ⟹ 6
[*.Floor.*.*, *.Wall.*.*, *.Windows.*.*] ⟹ 4
[*.Plumbing.*.*, *.Roof.*.*, *.Wall.*.*] ⟹ 5
[*.Roof.*.*, *.Slabs.*.*, *.Wall.*.*] ⟹ 4
[*.Roof.*.*, *.Wall.*.*, *.Water-proof.*.*] ⟹ 5
[*.Slabs.*.*, *.Wall.*.*, *.Windows.*.*] ⟹ 4
=================================================================

=================================================================
L [ 2, 2 ] Minimum Support : 3 Maximum Support : 100
=================================================================

Item ⟹ Frequency

[*.Beams.Cracks.*, *.Beams.Low strength.*] ⟹ 3
[*.Floor.Cracks.*, *.Floor.Delamination.*] ⟹ 3
[*.Floor.Delamination.*, *.Floor.Hollowing.*] ⟹ 3
[*.Foundation.Settlement.*, *.Wall.Cracks.*] ⟹ 5
[*.Road.Cracks.*, *.Road.Thin.*] ⟹ 3
[*.Roof.Gap.*, *.Roof.Leaking_water.*] ⟹ 4
[*.Roof.Leaking_water.*, *.Wall.Cracks.*] ⟹ 8
[*.Roof.Leaking_water.*, *.Wall.Leaking_water.*] ⟹ 3
[*.Roof.Leaking_water.*, *.Water-proof.Cracks.*] ⟹ 4
[*.Roof.Leaking_water.*, *.Windows.Leaking_water.*] ⟹ 5
[*.Slabs.Cracks.*, *.Slabs.Protection_thickness.*] ⟹ 4
[*.Slabs.Cracks.*, *.Slabs.Thin.*] ⟹ 5
[*.Slabs.Cracks.*, *.Wall.Cracks.*] ⟹ 5
[*.Slabs.Protection_thickness.*, *.Slabs.Thin.*] ⟹ 4
[*.Wall.Cracks.*, *.Wall.Leaking_water.*] ⟹ 6
[*.Wall.Cracks.*, *.Wall.Low strength.*] ⟹ 3
[*.Wall.Cracks.*, *.Wall.Peeling.*] ⟹ 3
[*.Wall.Hollowing.*, *.Wall.Leaking_water.*] ⟹ 4
[*.Wall.Leaking_water.*, *.Wall.Peeling.*] ⟹ 3
[*.Wall.Leaking_water.*, *.Windows.Leaking_water.*] ⟹ 3
=================================================================
```

图 5-6　工程缺陷频繁项集挖掘结果图

在得到频繁项集之后,可以从中提取出规则。从规则①和规则②中发现,梁开裂和梁强度不够相互蕴含,在发生梁开裂的样本集中有 75% 的样本发生了梁强度不够的缺陷。由此可见,规则的箭头左边和后边也不是因果关系,而更偏向逻辑关系中的蕴含。

在图 5-6 中,与防水有关的项集为:1 层 1 项集中的⟨[*.Water-proof.*.*], 9⟩,1 层 2 项集中的⟨[*.Wall.*.*, *.Water-proof.*.*], 7⟩、1 层 3 项集中的⟨[*.Roof.*.*, *.Wall.*.*, *.Water-proof.*.*], 5⟩和 2 层 1 项集中的⟨[*.Water-proof.Cracks.*], 5⟩。如果想挖掘更多与防水相关的缺陷,需要调低 minSupport 的值,然而这将产生更多的项和规则。此时,利用基于限制的挖掘,令 Function=Water-proof,调整 minSupport=0.4,得到结果:

①.[*.Roof.Leaking_water.*]　　　　　　　　　　　　　　6　66.67%

②.[Cast-in-place concrete.Wall.Cracks.*]　　　　　　　　4　44.44%

③.[*.Water-proof.Cracks.*]　　　　　　　　　　　　　　5　55.56%

④. [* . Roof. Leaking_water. * , * . Water-proof. Cracks. *] 　　4　44.44%

（2）缺陷因果关联性挖掘

缺陷因果关联性挖掘针对的事件表是 PDC 表,如图 5-3 所示,相关的属性表是 Defect_Classification 表和 Defect_Event 表。令 minSupport=0.04, minMetric=0.7, Filtered=false, sequence_multi=[[[3, 3], [-1, -1], [-1, -1], [-1, -1]], [[3, 4], [-1, -1], [-1, -1], [-1, -1]], [[4, 4], [-1, -1], [-1, -1], [-1, -1]]]。其中, sequence_multi 的值决定了挖掘对象是由其他分部分项工程的缺陷引起的缺陷。挖掘结果如下:

1）防水开裂缺陷导致屋顶漏水;

2）地基下陷导致墙开裂;

3）屋顶漏缝导致屋顶漏水;

4）道路厚度不够导致道路开裂;

5）屋顶被拉开导致屋顶漏水。

挖掘结果较少主要与样本数据有关。由于判例中涉及的缺陷报告的关注点是责任分配,而不是分析缺陷的物理原因,这使得对缺陷的机理挖掘结果比较简单。

令 sequence_multi=[[[-1, -1], [-1, -1], [3, 3], [-1, -1]], [[-1, -1], [-1, -1], [3, 4], [-1, -1]]],挖掘由某事件导致缺陷的频繁项集,结果如下:

1）施工方案错误导致地基缺陷;

2）承包商不按图纸规范施工导致地基缺陷;

3）施工操作不当导致地基缺陷;

4）材料缺陷导致屋顶缺陷;

5）施工操作不当导致屋顶缺陷;

6）材料缺陷导致墙缺陷;

7）施工操作不当导致墙缺陷;

8）现场监理检查不力导致梁缺陷;

9）施工操作不当导致梁缺陷;

10）现场监理未能查出施工方案错误导致地基缺陷。

从以上挖掘中发现,当信息中包括缺陷发生的建筑构件时,得到的有用结果较少,因而先考虑缺陷的种类,再加入位置信息。令 minSupport=0.04, sequence_multi=[[[4, 4], [-1, -1], [3, 4], [-1, -1]], [[3, 3], [-1, -1], [3, 3], [-1, -1]], [[4, 4], [-1, -1], [3, 4], [-1, -1]]],得到结果如图 5-7 所示。

与缺陷发生关联性挖掘类似,直接由 Apriori 算法得到的频繁项集数目众多,因此需要再次筛选出感兴趣的结果。从 L[1, 1]中可以看出,裂缝会导致漏水,而漏水会导致腐蚀,某处的漏水会导致其他地方漏水,构件过薄导致开裂,混凝土保养不当会导致开裂,而混凝土浇捣不合规范会导致构件成蜂窝状等。由于缺陷大多可归结为在建造过程中施工方技术不精或不按规范施工,因而提供的信息量不多,故在 L[1, 1]中将与之相关的项省去。

L[1, 2]是经常同时发生的因果推理项的集合。集合当中第 1 项表示施工不当引起开裂,开裂又引起漏水。第 4 项表示开裂由沉降引起,开裂由施工不当引起,这意味着开裂可能同时有多种因素。第 7 项开裂和某构件未做之间并没有直接关联,经常一起发生主要因为这两项缺陷分别发生的次数都很多,是常见缺陷,同时都与施工方的工作态度有关。

```
============================================================
L [ 1, 1 ] Minimum Support : 2 Maximum Support : 69
============================================================

Item⟹ Frequency
============================================================

[*.*.*.Cracks.*.*.*.Leaking_water]⟹ 3
[*.*.*.Gap.*.*.*.Leaking_water]⟹ 3
[*.*.*.Leaking_water.*.*.*.Corrosion]⟹ 3
[*.*.*.Leaking_water.*.*.*.Leaking_water]⟹ 6
[*.*.*.Settlement.*.*.*.Cracks]⟹ 6
[*.*.*.Thin.*.*.*.Cracks]⟹ 4
[*.*.Bad_weather.*.*.*.Collapse]⟹ 3
[*.*.Contractor_worked_inconsistent_with_drawing_or_standard.*.*.*.Component_missing]⟹ 6
[*.*.Contractor_worked_inconsistent_with_drawing_or_standard.*.*.*.Dimension_tolterance]⟹ 6
[*.*.Contractor_worked_inconsistent_with_drawing_or_standard.*.*.*.Distance]⟹ 4
[*.*.Curing_concrete_defect.*.*.*.Cracks]⟹ 2
[*.*.Material_low_quality.*.*.*.Low strength]⟹ 4
[*.*.Material_or_equipement_was_different_from_contract.*.*.*.Material_was_different_from_drawing]⟹ 3
[*.*.Pouring_concrete_defect.*.*.*.Honeycomb_of_concrete]⟹ 2
[*.*.Site_manager_failed_inspect_component_defect.*.*.*.Dimension_tolterance]⟹ 2
[*.*.Site_manager_failed_inspect_component_defect.*.*.*.Location_error]⟹ 2
============================================================
============================================================
L [ 1, 2 ] Minimum Support : 2 Maximum Support : 69
============================================================

Item⟹ Frequency
============================================================

[*.*.*.Cracks.*.*.*.Leaking_water, *.*.Workmanship_improper.*.*.*.Cracks]⟹ 3
[*.*.*.Gap.*.*.*.Leaking_water, *.*.Workmanship_improper.*.*.*.Gap]⟹ 3
[*.*.*.Leaking_water.*.*.*.Leaking_water, *.*.Workmanship_improper.*.*.*.Leaking_water]⟹ 6
[*.*.*.Settlement.*.*.*.Cracks, *.*.Workmanship_improper.*.*.*.Cracks]⟹ 3
[*.*.*.Thin.*.*.*.Cracks, *.*.Workmanship_improper.*.*.*.Cracks]⟹ 3
[*.*.*.Thin.*.*.*.Cracks, *.*.Workmanship_improper.*.*.*.Thin]⟹ 3
[*.*.Contractor_worked_inconsistent_with_drawing_or_standard.*.*.*.Component_missing, *.*.Workmanship_improper.*.*.*.Cracks]⟹ 5
[*.*.Contractor_worked_inconsistent_with_drawing_or_standard.*.*.*.Distance, *.*.Workmanship_improper.*.*.*.Dimension_tolterance]⟹ 3
[*.*.Contractor_worked_inconsistent_with_drawing_or_standard.*.*.*.Distance, *.*.Workmanship_improper.*.*.*.Low strength]⟹ 3
[*.*.Workmanship_improper.*.*.*.Protection_thickness, *.*.Workmanship_improper.*.*.*.Thin]⟹ 3
============================================================
============================================================
L [ 2, 1 ] Minimum Support : 2 Maximum Support : 69
============================================================

Item⟹ Frequency
============================================================

[*.*.Water-proof.Cracks.*.*.Roof.Leaking_water]⟹ 2
[*.*.Roof.Gap.*.*.Roof.Leaking_water]⟹ 3
[*.*.Roof.Pulled.*.*.Roof.Leaking_water]⟹ 2
[*.*.Foundation.Settlement.*.*.Wall.Cracks]⟹ 5
[*.*.Road.Thin.*.*.Road.Cracks]⟹ 2
[*.*.Material_low_quality.*.*.Roof.Corrosion]⟹ 2
[*.*.Material_low_quality.*.*.Roof.Leaking_water]⟹ 2
[*.*.Material_low_quality.*.*.Wall.Low strength]⟹ 2
[*.*.Material_or_equipement_was_different_from_contract.*.*.Roof.Material_was_different_from_drawing]⟹ 2
[*.*.Pouring_concrete_defect.*.*.Null.Honeycomb_of_concrete]⟹ 2
============================================================
```

图 5-7　工程缺陷因果关系频繁项集结果图(包括构件属性)

在缺陷种类信息的基础上加入建筑部件的信息,得到第二层的频繁项集。图 5-7 的 L [2,1]与图 5-6 的 L[2,2]都包含了两种缺陷同时发生的情况,然而前者的两种缺陷之间存在因果关系,后者仅仅是同时发生。

考虑缺陷相关的材料信息,令 minSupport = 0.04, sequence＿multi = [[[4,4], [-1,-1],[3,4],[-1,-1]],[[2,2],[-1,-1],[3,2],[-1,-1]]],得到结果如图 5-8 所示。其中第 2 项金属构件被拉起导致漏雨,结合图 5-8 的 L[2,1]中的第 3 项,即屋顶被拉起导致屋顶漏雨,可以发现,金属屋顶的密封性能和连接性能容易发生缺陷。第 12 项表示,金属屋顶漏雨也有可能是屋顶的材料缺陷。第 4 项表明涂料层过薄,导致金属腐蚀,同时第 11 项表面金属腐蚀也有可能是金属材料缺陷。

```
=====================================================================
L [2,1] Minimum Support : 2 Maximum Support : 69
=====================================================================
Item ⟹ Frequency
=====================================================================
[*.Cast-in-place concrete.*.Low strength.*.Cast-in-place concrete.*.Cracks] ⟹ 2
[*.Metal.*.Pulled.*.Metal.*.Leaking_water] ⟹ 2
[*.*.*.Settlement.*.Cast-in-place concrete.*.Cracks] ⟹ 3
[*.Coating_material.*.Thin.*.Metal.*.Corrosion] ⟹ 2
[*.Cast-in-place concrete.*.Thin.*.Cast-in-place concrete.*.Cracks] ⟹ 2
[*.*.Contractor_worked_inconsistent_with_drawing_or_standard.*.Bolt.*.Bolt missing/loose] ⟹ 2
[*.*.Contractor_worked_inconsistent_with_drawing_or_standard.*.Rebar.*.Dimension_tolterance] ⟹ 2
[*.*.Contractor_worked_inconsistent_with_drawing_or_standard.*.Rebar.*.Distance] ⟹ 4
[*.*.Contractor_worked_inconsistent_with_drawing_or_standard.*.Metal.*.Flexural] ⟹ 2
[*.*.Curing_concrete_defect.*.Cast-in-place concrete.*.Cracks] ⟹ 2
[*.*.Material_low_quality.*.Metal.*.Corrosion] ⟹ 2
[*.*.Material_low_quality.*.Metal.*.Leaking_water] ⟹ 2
[*.*.Pouring_concrete_defect.*.Cast-in-place concrete.*.Honeycomb_of_concrete] ⟹ 2
[*.*.Workmanship_improper.*.Cast-in-place concrete.*.Cracks] ⟹ 13
[*.*.Workmanship_improper.*.Plastering.*.Cracks] ⟹ 4
[*.*.Workmanship_improper.*.Mortar.*.Delamination] ⟹ 4
[*.*.Workmanship_improper.*.Cast-in-place concrete.*.Dimension_tolterance] ⟹ 5
[*.*.Workmanship_improper.*.Cast-in-place concrete.*.Low strength] ⟹ 7
[*.*.Workmanship_improper.*.Mortar.*.Low strength] ⟹ 4
[*.*.Workmanship_improper.*.Plastering.*.Peeling] ⟹ 4
[*.*.Workmanship_improper.*.Rebar.*.Protection_thickness] ⟹ 3
[*.*.Workmanship_improper.*.Cast-in-place concrete.*.Thin] ⟹ 4
[*.*.Workmanship_improper.*.Cast-in-place concrete.*.Tilt] ⟹ 3
=====================================================================
```

图 5-8 工程缺陷因果关系频繁项集结果图(包括材料属性)

5.4 本章小结

本章采用分层关联规则挖掘算法分析了工程争议案例库,得到缺陷项之间和缺陷因果关系之间的关联项。在第四章构建的工程争议案例库的基础上,针对工程争议案例的特性,改进了传统的关联规则挖掘算法,在不同概念层次上实现关联项挖掘。最后,将分层关联规则挖掘算法应用于构建的案例库,实现知识的自动提取。通过关联规则挖掘,得到以下结论:

1) 缺陷项之间的关联性,如:"楼板保护层过薄→楼板开裂""地基下陷→墙体开裂"等。

2) 缺陷因果关系的频繁项集,如:"裂缝导致漏水,漏水导致腐蚀"等。

关联规则挖掘得到的规则并不是因果关系,有时甚至并不能得到有价值的信息。然而,这种方法可以从大量数据项中自动发现规律性,而这种规律性是未知的隐性知识,给研究者提供待验证的假设项。

第六章　基于模糊决策树算法的工程争议结果预测

6.1　概述

本章主要分析了如何利用决策树算法预测工程变更争议的判决结果,在传统决策树算法的基础上进行改进,结合争议判决的特点,提出模糊决策树算法,最后通过和传统算法的比较,验证了模糊决策树算法的优越性能。

从收集的案例中发现,法官在判决中存在模糊性,而这种模糊特性将影响决策树算法预测的准确度。针对这种情况,考虑将模糊数学引入到决策树中,在决策树建模中包括这种不确定性,使之能够适用于工程纠纷判决结果预测。

6.2　工程变更争议特点分析

6.2.1　工程变更概念及相关规定

（1）工程变更概念分析

变更是工程建设过程中必不可少并且常常发生的问题,也是导致争议的主要原因之一。Thomas H. R. 等对工程中常见的变更种类进行划分[18],见图 6-1 所示。合同约定承包商必须完成工作范围之内的工程变更,相应地,承包商有抗议和索赔的权利,这样的变更被称为单方变更。少量变更是指不影响价款和工期的变更,然而也会引发争议,因为承包商认为变更影响了价格或占用了工作时间。推定变更是指业主没有按照变更条款发布变更指令而发生的变更。本章以及下面两章研究的工程变更争议是合同范围之内的变更,主要集中在少量变更、指令变更和口头变更中。

合同范围之内的工程变更的具体概念并无统一定义。《建设工程施工合同》（1999 年版）第 29.1 款列举了工程变更的范围:更改工程有关部分的标高、基线、位置和尺寸;增减合同中约定的工程量;改变有关工程的施工时间和顺序;其他。在《建设工程施工合同》（2007 年版）第 15.1 款中,变更的范围和内容是:取消合同中的任何一项工作;改变合同中任何一项工作的质量或其他特性;改变合同工程的基线、标高、位置或尺寸;改变合同中任何一项工作的施工时间或改变已批准的施工工艺或顺序;为完成工程需要追加的额外工作。在 FIDIC《土木工程施工合同条件》（1999 年版）第 13.1 款中,变更包括:对合同中任何工作的工程量的改变;任何工

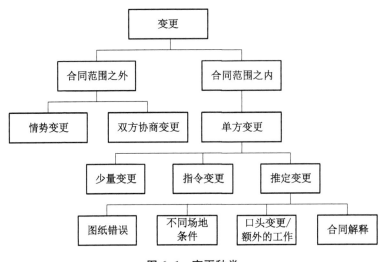

图 6-1 变更种类

作质量或其他特性上的变更;工程任何部分标高、位置和尺寸上的改变;省略任何工作;永久工程所必需的任何附加工作、永久设备、材料或服务,包括任何联合竣工检验、钻孔和其他检验以及勘察工作;工程的实施顺序或时间安排的改变。

(2)工程变更程序分析

不同的合同对于变更程序有不同的定义,而变更程序影响了争议判决结果。在《建设工程施工合同》(1999 年版)第 29.1 款中约定施工中发包人需对原工程设计进行变更,应提前 14 天以书面形式向承包人发出变更通知。第 31.1 款规定承包人在工程变更确定后 14 天内,提出变更工程价款的报告,经工程师确认后调整合同价款。第 31.2 款规定承包人在双方确定变更后 14 天内不向工程师提出变更工程价款报告时,视为该项变更不涉及合同价款的变更。第 31.3 款规定工程师在收到变更工程价款报告之日起 14 天内予以确认,工程师无正当理由不确认时,自变更工程价款报告送达之日起 14 天后视为变更工程价款报告已被确认。第 13.1 款约定因设计变更和工程量增加造成工期延误,经工程师确认,工期相应顺延。第 13.2 款规定承包人在第 13.1 款情况发生后 14 天内,就延误的工期以书面形式向工程师提出报告。工程师在收到报告后 14 天内予以确认,逾期不予确认也不提出修改意见,视为同意顺延工期。《建设工程施工合同》(2007 年版)和 FIDIC《土木工程施工合同条件》(1999 年版)中有类似的约定。

以上的变更程序条款给承包商分配了以下的义务:①需要得到书面形式的变更令才能进行工程变更;②14 天需要通知发包人价款或工期的变化。发包人承担的义务则是在一定时间内确认工期或价款的变化情况。《建设工程施工合同》(1999 年版)第 29.2 款规定承包人不得对原工程设计进行变更,因承包人擅自变更设计发生的费用和由此导致发包人的直接损失,由承包人承担,延误的工期不予顺延。可见,承包人无法证明工程变更是由发包人提出的时候,承包人无法获得补偿。实际中,第 29.2 款也被发包人用作抗辩承包人主张的权利。承包人通知发包人关于价格或工期的变化可以看作是承包人的一种附随义务,而在一定时间内不通知,则成为默示的承诺,即承包人放弃补偿或承包人承认变更不需要补偿。一旦承包人作出这样的意思表示,在争议中将处于不利地位。另一种情况是双方订立的合同中没有《建设工程施工合同》(1999 年版)31.2 款,这时承包人没有通知变更价款或时间的行为不能再被推定为放弃索赔的权利。然而承包人没有尽到通知义务,是否意味着无法获得补偿,是争议焦点之一。

（3）工程变更争议分析

尽管合同中规定了工程变更的程序,然而由于工程建设的复杂性以及大量变更的存在,有时双方并不能完全遵守合同的约定程序,时常出现口头变更。《中华人民共和国民法通则》第56条规定,民事法律行为可以采用书面形式、口头形式或者其他形式。《中华人民共和国合同法》第10条规定,当事人订立合同,有书面形式、口头形式和其他形式。双方可以订立口头协议,也代表双方口头改变了原合同的变更程序。这给工程变更争议的判决增加了难度,因为口头变更往往很难证明。在合同已约定变更程序时,口头变更是否有效有不同的观点。一种观点认为双方应严格按照合同规定履约,在承包人没有书面变更指令进行变更时无法获得补偿;另一种观点认为口头变更也是有效的,只要业主已知变更发生,并有同意支付额外价款的意思表示,承包人是可以获得补偿[18]。

影响判决的另一难题是对双方在履约(即工程建设)过程中各种意思表示的判定。意思表示有明示和默示两种,容易引起争议的是默示形式。默示,是指由特定行为间接推定行为人的意思表示[170]。如在建设过程中,发包人明知承包人变更工程而未制止,可能被认为发包人同意工程变更。再比如,工程竣工验收通过之后,发包人再以承包人擅自变更工程为由主张权利可能无法获得法官支持,通过验收被认为发包人已知工程变更并同意。

承包人以工程变更相关条款为由主张权利的行为也是主张由发包人承担不遵守合同导致的违约责任,即发包人指令工程变更却不补偿相应损失。违约责任的构成要件:有违约行为;有损害事实;违约行为与损害事实之间存在因果关系;无免责事由。上文的讨论围绕着违约行为,本研究不考虑免责事由,承包人还需要证明的就是工程变更导致的价款变化或工期延长。当承包人有书面变更令或签证时,价款变化的证明较为容易,没有书面指令时,价款变化很难举证,承包人承担无法举证的后果。工程变更引起工期延长的举证比价格变化要困难。原因有以下几点:①建设过程中施工计划的变更非常频繁,很难做到按照计划施工,无法举证原定计划意味着很难被证明比原定计划延迟。②工程变更需要影响施工计划的关键线路和节点,才会导致工期延长,而关键节点的证明比较困难。③除了工程变更,还有很多因素导致工期延长,这些因素和工程变更交织在一起,共同作用,很难区分各自的因果关系。④有经验的承包商应当对变更有效管理,及时调整工作进度,避免延迟。

6.2.2　工程变更争议判决因素提取

本书研究的变更争议范围集中在指令变更方面,依据的条款主要是类似于《建设工程施工合同》(1999年版)的第29条,因素的来源主要有两个方面:专家意见[171, 18]和案例中法官的意见。这些因素代表专业人士对法律条款和法律概念的理解,在这些因素的综合影响下,得到法律判决。

因素提取时需要考虑以下情形:

1）本研究主要关注业主和承包商关于变更的意思表示引发的争议,而没有详细研究工作改变和损失的因果关系。后者需要证明计划改变如何影响价款和工期,比如,变更导致材料采购计划的改变,进而改变单价,这其中涉及承包人采购计划是否合理,变更是否影响采购等问题的论证。在此暂不考虑这些因子的证明过程,设定因果关系可以证明或者没有证明。

2）在实际判例中出现专家意见与法官意见不同的情形,即无法判断某个因素值究竟取"1"还是"0",此时以法官的理解为主。因为本研究的预测对象是争议案例的司法判决结果,因此以法官意见为主导。

3) 由于判决书中可能遗漏某些内容,导致因素的取值未知,这时需要利用背景知识进行推理。例如,在质量缺陷的判决中,双方可能未就是否还在保修期内有争议,这种情形下,意味着双方默认了缺陷在保修期内。再比如,在工程变更争议中,如果双方没有辩论争议对象是否属于合同,而直接争论是否发出变更令,则意味着双方默认争议对象并不属于原合同范围,而是属于变更的工作内容。

4) 在逻辑学中对命题的判定结果有两种——"真"和"假",而在数据挖掘中增加了第三种可能——"未知"[86,125]。"未知"表示可能真也可能假,无从判定。在实际判决中,法官并不是对所有因素都作出判断后才得出结论,往往因为某个因素的出现而直接得到结果。例如,变更争议中,当承包商已经同意变更价款之后,承包商再提出因为变更需要更多工程款时,法官不会支持承包商的诉讼请求。这时,法官不会再去判断是否有变更令,以及变更是否导致价款增加等因素。尽管判决书可能会出现这些因素,但如果法官未对因素作出判断,则认为因素不存在。据此,因素的取值没有用"真"和"假",而用了"存在"和"不存在"。

5) 在工程变更的相关纠纷中,如果权利主张者是承包人(施工方)时,主张的权利是发包人变更合同内容后,承包人有权获得相应补偿。如果权利主张者是发包人(业主)时,主张的权利是承包人擅自变更合同内容,是承包人违约。严格地说,这是两种争议,然而,由于这两种争议经常且都涉及"争议对象是否在原合同中""发包人是否作出变更表示"等因素的判断,因此在做分类预测时,将这两种争议一起考虑,测试算法是否能将之分开,作出准确判断。

经过整理之后,提取出影响判决的因素,参见附录 I。

6.3 决策树算法及其问题

决策树分类算法是数据挖掘算法之一,也是一种人工智能算法。该算法从有类标记的训练样本中学习分类规则,得到的规则呈树形结构。由于决策树的构造不需要任何领域知识或参数设置,因此适合于探测式知识发现[86]。自 20 世纪 70 年代以来,决策树方法在分类、预测、规则提取等方面得到广泛的应用[172]。

6.3.1 传统决策树算法描述

设样本集 $S = \{X_1, X_2, \cdots, X_n\}$,每个样本由一个包含 M 项属性的属性向量 $(A_1, A_2, \cdots, A_M)$ 表示。假设属性 A_m 是离散变量,具有 k_i 个不同值 $\{a_1, a_2, \cdots, a_{k_i}\}$。每个样本都属于一个预先定义的类,由类标号确定。在此假设类标号只有一个,记为 C,C 是离散变量,有 P 个不同的取值 $\{C_1, C_2, \cdots, C_P\}$。

任意选取属性 A_m,样本集 S 被划分为 k_i 个子集 $\{S_1, S_2, \cdots, S_{k_i}\}$,满足 $\forall X_l \in S_q$,有 $x_{lm} = a_q$,其中 x_{lm} 是样本 X_l 在属性 A_m 上的取值,$l \in \{1, 2, \cdots, n\}$,$q \in \{1, 2, \cdots, k_i\}$。如果落在给定子集的所有样本都属于相同的类,意味着属性 A_i 的值决定了类 C 的取值。如果无法满足落在给定子集的所有样本都属于相同的类,则继续挑选一个属性进一步划分子集。最终形成的决策树由内部节点、分枝和叶节点组成。内部节点表示在一个属性上的测试,每个分枝代表一个测试的输出,而叶节点存放一个类标号。

选择在哪个属性上划分样本的准则被称为属性选择度量准则。具有最好度量得分的属性被选作给定元组的分裂属性。有两种常用的属性选择度量:信息增益和增益率。

（1）信息增益[87]

对 S 中的样本分类所需的期望信息为: $Info(S) = -\sum_{i=1}^{p} p_i \log_2(p_i)$ ，其中 p_i 是 S 中任意样本属于类 C_i 的概率。 $p_i = \dfrac{|C_{i,s}|}{|S|}$ ，其中 $|C_{i,s}|$ 是 S 中 C_i 类的样本个数， $|S|$ 是 S 中样本个数。假设按属性 A_i 划分 S 中的样本， S 被划分为 k_i 个子集 $\{S_1, S_2, \cdots, S_{k_i}\}$ 。在此划分之后,为了得到准确的分类还需要信息:

$$Info_{A_m}(S) = \sum_{q=1}^{k_i} \frac{|S_q|}{|S|} \times Info(S_q) = -\sum_{q=1}^{k_i} \sum_{i=1}^{p} \frac{|C_{i,q}|}{|S|} \log_2 \frac{|C_{i,q}|}{|S_q|}$$

其中, $|C_{i,q}|$ 是 S_q 中 C_i 类的样本个数。

信息增益定义为划分前的信息需求与划分后的需求之间的差,即 $Gain(A_i) = Info(S) - Info_{A_i}(S)$ 。而最佳划分属性就是

$$A^* = \underset{A \in \langle A_1, A_2, \cdots, A_M \rangle}{\operatorname{argmax}} Gain(A)$$

（2）增益率[89]

增益率是在信息增益的基础上作了改进,被定义为

$$GainRatio(A_m) = \frac{Gain(A_m)}{SplitInfo(A_m)} = \frac{Gain(A_m)}{-\sum_{q=1}^{k_i} \dfrac{|S_q|}{|S|} \times \log_2 \dfrac{|S_q|}{|S|}}$$

而最佳划分属性就是

$$A^* = \underset{A \in \langle A_1, A_2, \cdots, A_M \rangle}{\operatorname{argmax}} GainRatio(A)$$

决策树算法的构造和使用都是通过递归方法实现的,算法的基本策略如下。

算法:Generate_decision_tree。由样本数据产生决策树。

输入:
- 样本数据集 S 中属性数据集合 patterns;
- 样本数据集 S 中类标号集合 targets;
- inc_node;// 划分错误的阈值

输出:根节点 tree

方法:
1)　初始化节点 tree;//
2)　if patterns 中样本个数小于 inc_node,或者可选属性集为空 then
3)　　　标记 tree.child 的取值为 targets 中的多数类;
4)　　　返回;
5)　使用 Attribute_selection_method(patterns, targets)找到最好的划分属性 A*,标记 tree;
6)　for A* 的每个取值// 划分样本并对每个划分产生子树;
7)　　　P_j 是 Patterns 中根据 A* 划分产生的子集;

8)　　　　T_j 是 targets 中根据 A^* 划分产生的子集；

9)　　　if　S_j 中样本个数小于 *inc_node*,或者可选属性集为空 then

10)　　　　　标记 tree. child 的取值为 S_j 中的多数类；

11)　　　　 else tree. child(j)＝Generate_decision_tree(P_j, T_j, inc_code)；

12)　　end for

13)　　返回 tree；

算法:Use_decision_tree。利用决策树求出测试样本的类标号。

输入:

■　测试数据集 T_e；

■　决策树 Tree；

输出:类标号 targets

方法:

1)　初始化 targets；

2)　if　Tree 是叶节点 then

3)　　　targets(indices)＝tree. child；

4)　　　return

5)　dim＝tree. dim；//标记用于划分的属性

6)　for 划分属性的每个取值

7)　　　T_e(j)是按划分属性划分后的第 *j* 个测试样本集

8)　　　targets＝targets＋Use_decision_tree(T_e(j), tree. child(j))

9)　end for

10)　返回 targets

6.3.2　不确定性对决策树的影响

在数据挖掘算法中,不确定性一般由以下原因引起:

1) 样本属性值缺失,贝叶斯网络参数学习中遇到这种情况,会先进行数据修补,重复估计参数[125]。

2) 样本属性是不准确的序数变量,如非常好、好、一般、差、非常差,这些值的含义有部分重叠,无法完全被区分开来[173]。

3) 认知的不确定性,起源于人们思考、推理和理解过程。而认知的不确定性又分为两种:一种是无法对概念做出准确的区分,另一种是无法在多个选项中做出选择[91]。

本章所研究的不确定性就是由第 3 种情况引起的。

下面举例说明不确定性对决策树算法的影响。表 6-1 是某商场顾客数据样本集[86],利用信息增益的决策树算法,从前 14 个样本中得到的决策树如图 6-2 所示。

表 6-1　某商场顾客数据样本集

ID	age	income	student	credit_rating	class: buys_computer
1	youth	high	no	fair	no
2	youth	high	no	excellent	no

续表

ID	age	income	student	credit_rating	class：buys_computer
3	middle_aged	high	no	fair	yes
4	senior	medium	no	fair	yes
5	senior	low	yes	fair	yes
6	senior	low	yes	excellent	no
7	middle_aged	low	yes	excellent	yes
8	youth	medium	no	fair	no
9	youth	low	yes	fair	yes
10	senior	medium	yes	fair	yes
11	youth	medium	yes	excellent	yes
12	middle_aged	medium	no	excellent	yes
13	middle_aged	high	yes	fair	yes
14	senior	medium	no	excellent	no
15	youth	high	no	fair	yes

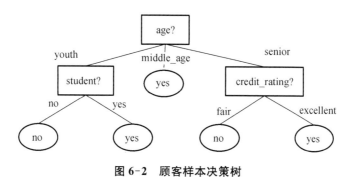

图6-2 顾客样本决策树

现在加入第15个样本，这个样本的属性值与第1个样本的相同，而类标号却不同，表示在相同条件下做出不同选择的顾客。再次利用决策树算法，得到决策树不变，如图6-3所示。

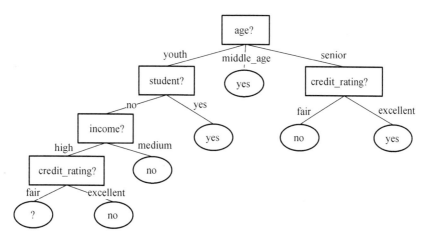

图6-3 不确定样本集的决策树

比较图 6-2 和图 6-3,可以看出,样本 15 影响了 age＝youth 和 student＝no 这一枝。不光使得决策树变得复杂,同时也会降低决策树的预测正确率。图 6-2 中用"?"表示的节点代表决策树无法区分样本 1 和 15,类标号的取值"no"和"yes"的概率各占一半。

在样本集中,样本 1 和 15 往往会重复出现,一般情况下,预测之前会进行数据预处理,将冗余项消除,保证训练集中样本的唯一性。经过冗余处理后,得到样本集类似表 6-1 中所示。然而,样本 1 和 15 的重复次数本身,正体现了人们在做决策或分类过程中产生的不确定性,直接将之删除,反而减少了信息。考虑采用模糊集合理论将样本的概率信息利用起来,同时,模糊理论正是处理不确定性的得力工具。

6.4　模糊集合理论

模糊集合理论是由 Zadeh L. A. 教授于 1965 年提出的[174]。该理论不仅发展和扩充了经典数学的研究领域,还被应用于其他各领域中,如模式识别、信息检索、模糊控制和人工智能等。本小节将给出与决策树算法相关的模糊集理论。

论域 U 是研究对象的全体,其中每个对象 u 被称为 U 的元素。U 中的经典集合 A 是由 U 中对象组成,给定对象 u,则 u 或者属于 A 或者不属于 A。U 中的模糊集合 A 是由隶属函数 μ_A 表示其特征的集合,μ_A 表示为

$$\mu_A : U \rightarrow [0, 1]$$

$\mu_A(u)$ 的值越接近 1,表示 u 隶属于 A 的程度越高。当论域 U 只包含有限个元素,即 $U = \{u_1, u_2, \cdots, u_n\}$ 时,U 上的模糊集合 A 可以表示为

$$A = \frac{\mu_A(u_1)}{u_1} + \frac{\mu_A(u_2)}{u_2} + \cdots + \frac{\mu_A(u_n)}{u_n}$$

定义 1　设 U 是论域,A 和 B 是 U 上的两个模糊集合。

(1) 如果 $\forall u \in U$,$\mu_A(u) \leqslant \mu_B(u)$,则 A 包含于 B,记为 $A \subseteq B$。

(2) A 与 B 的并记为 $A \bigcup B$,其隶属度函数为 $\mu_{A \cup B}(u) = \max(\mu_A(u), \mu_B(u))$。

(3) A 与 B 的交记为 $A \bigcap B$,其隶属度函数为 $\mu_{A \cap B}(u) = \min(\mu_A(u), \mu_B(u))$。

定义 2　对于有限集 U 上的模糊集 A,A 的基数定义为:$M(A) = |A| = \sum_{u \in U} \mu_A(u)$。

定义 3　设 U 为模糊命题的集合,令 $T:U \rightarrow [0, 1]$,使得 $T(P) = \alpha \in [0, 1]$,$\forall P \in U$。$T(P)$ 为模糊命题 P 的真值。若模糊命题 P 的形式为" $P : x$ is A",其中 x 是变量,A 是某个模糊概念对应的模糊集合,则 P 的真值取值为变量 x 对模糊集和 A 的隶属度,即 $T(P) = \mu_A(x)$。

定义 4　设 U 为模糊命题的集合,$P, Q \in U$,则 P 与 Q 的逻辑运算析取和合取分别对应于模糊集和的并和交运算,其真值为:

$$T(P \vee Q) = \max\{\mu_A(x), \mu_B(x)\}$$
$$T(P \wedge Q) = \min\{\mu_A(x), \mu_B(x)\}$$

定义 5 模糊规则表示为"IF P THEN Q",是由"蕴涵→"联结起来的复合模糊命题,其真值表达式有多种形式[175]。本章采用文献[91,176]中的定义,其真值为

$$S(P,\ Q)=\frac{M(A\bigcap B)}{M(A)}=\frac{\sum_{x\in U}\min(\mu_A(x))}{\sum_{x\in U}\mu_A(x)} \tag{6-1}$$

下面利用模糊集合理论分析分类问题。论域 $U=\{u\}$ 由样本组成,每个样本由一组属性 $A=\{A_1,\cdots,A_K\}$ 描述。A_k 描述了样本的某方面特性,其取值范围由一组模糊集合组成 $T(A_k)=\{T_1^k,\cdots,T_{S_K}^k\}$,其中 $T_{S_i}^k$ 的隶属度函数为 $\mu_{T_{S_i}^k}(u)$。当 $\mu_{T_{S_i}^k}(u)$ 满足

$$\mu_{T_{S_i}^k}(u)=\begin{cases}1,& u\in T_{S_i}^k\\0,& u\notin T_{S_i}^k\end{cases}$$

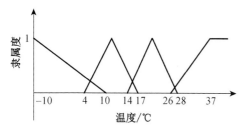

图 6-4 隶属度函数示意图

时,模糊集退化为经典集合。如属性 A_k 的名称是温度,$T(A_k)=\{$高、适中、低、很低$\}$,其隶属度函数如图 6-4 所示。当温度是 8 ℃时,$\mu_{很低}(8\ ℃)=0.1$,$\mu_{低}(8\ ℃)=0.9$。

每个样本都有一个类标识,其取值范围是一组模糊集合 $C=\{C_1,\cdots,C_L\}$,其中 C_j 的隶属度函数为 $\mu_{C_j}(u)$。一个分类规则被表示为

$$\text{IF}(A_1\ \text{is}\ T_{i_1}^1)\ \text{AND}\cdots(A_K\ \text{is}\ T_{i_K}^K)\ \text{THEN}\ (C\ \text{is}\ C_j) \tag{6-2}$$

文献[91]认为样本属性和类标识的模糊性来源于语言变量。而本章研究的对象是司法判决结果预测,其属性是对某法律相关命题的描述,如"工程有明显的质量缺陷""业主发出变更令"。第一种属性中的"明显的"导致了属性的模糊性,而第二种属性"变更令"则是概念理解方面的模糊性,涉及对变更令的形式和内容的理解。本章为了简化起见,尽量将样本属性细化,减少模糊性,因而本章假设样本属性是非模糊集合。然而,预测结果是模糊集合,其来源并非是语言变量,而是在相同属性取值下不同判决结果导致。

下面将讨论如何用决策树算法从训练样本集中得到模糊的分类规则。该算法适用于属性和类标识都是模糊集合的情况,而在第 6.6 节的应用中,简化了算法,只考虑类标识是模糊集合的情形。

6.5 模糊决策树算法

以属性 A 为例,其取值范围是 $T(A)=\{T_1,\cdots,T_S\}$,给定样本 u_i,u_i 在 A 上的隶属度函数值为 $\{\mu_{T_1}(u_i),\mu_{T_2}(u_i),\cdots,\mu_{T_S}(u_i)\}$。将隶属度函数值归一化,有

$$\pi_{T_s}(u_i)=\mu_{T_s}(u_i)/\max_{1\leqslant j\leqslant s}\{\mu_{T_j}(u_i)\},\ s=1,\cdots,S \tag{6-3}$$

属性 A 在样本 u_i 上的模糊度表示为[177,91]:

$$E_a(A(u_i)) = g(\pi_{T_s}(u_i)) = \sum_{s=1}^{S} (\pi_{T_1^*}(u_i) - \pi_{T_S^*}(u_i)) \ln s \qquad (6-4)$$

其中, $\pi^* = \{\pi_{T_1^*}(u_i), \pi_{T_2^*}(u_i), \cdots, \pi_{T_S^*}(u_i)\}$ 是 $\pi = \{\pi_{T_1}(u_i), \pi_{T_2}(u_i), \cdots, \pi_{T_S}(u_i)\}$ 按从大到小重新排列后得到的,满足 $\pi_{T_s^*}(u_i) \geqslant \pi_{T_{s+1}^*}(u_i)$,且 $s = 1, \cdots, S$, $\pi_{T_{S+1}^*}(u_i) = 0$。属性 A 的模糊度表示为

$$E_a(A) = \frac{1}{m} \sum_{i=1}^{m} E_a(A(u_i)) \qquad (6-5)$$

考虑式(6-2)所示的规则,将之简化为"IF E THEN C_i"。在给定 E 的条件下,样本被分类到 C_i 的可能性记作 $\pi(C_i|E)$,其值为

$$\pi(C_i|E) = \frac{S(E, C_i)}{\max_j S(E, C_j)} \qquad (6-6)$$

其中, $S(E, C_i)$ 表示规则"IF E THEN C_i"的真值,其定义见式(6-1)。而 $\pi(C|E) = \{\pi(C_i|E), i = 1, \cdots, L\}$,代表在类标识取值范围 $C = \{C_1, \cdots C_L\}$ 上的可能性分布。

在已知 E 的条件下,分类标识的模糊度被定义为 $G(E)$,参考式(6-4),有

$$G(E) = g(\pi(C|E)) \qquad (6-7)$$

在给定 E_0 的条件下,一组定义在论域 U 上的划分 $P = \{E_1, \cdots, E_k\}$, E_0 上的模糊划分被记作 $P|E_0 = \{E_1 \bigcap E_0, \cdots, E_k \bigcap E_0\}$,意味着满足 E_0 的每个样本 u 被划分到 E_i 上的隶属度为 $\mu_{E_i \cap E_0}$。当 $E_0 = U$ 时, $P|U = P$。

在给定 E_0 的条件下,一组定义在论域 U 上的模糊划分 $P = \{E_1, \cdots, E_k\}$ 产生的分类标识模糊度记作 $G(P|E_0)$,其值是划分的每个子集产生的分类标识模糊度的加权平均,为

$$G(P|E_0) = \sum_{i=1}^{k} w(E_i|E_0) G(E_i \bigcap E_0)$$
$$= \sum_{i=1}^{k} w(E_i|E_0) g(\pi(C|(E_i \bigcap E_0))) \qquad (6-8)$$

其中, $w(E_i|E_0) = \dfrac{M(E_i \bigcap E_0)}{\sum\limits_{j=1}^{k} M(E_j \bigcap E_0)}$。 $M(\cdot)$ 的定义见式(6-1)。

模糊决策树与经典决策树构造过程相似,不同的是属性选择度量和分类正确率的公式。模糊决策树的构造按照以下步骤进行:

1) 计算每个属性的分类标号模糊度,选择分类模糊度最小的属性节点作为决策树的根节点。

2) 删除节点的所有空分枝。对于每个决策节点的非空分枝,计算将其上所有样本归于每个类别时的正确率。如果在某个类别上的正确率大于阈值,则该分枝终结于叶节点。否则,判断是否有剩余的属性继续构造决策树,该属性需要进一步减少分类模糊度。如果存在,选取其中分类模糊度最小的属性作为新的决策节点。如果不存在,则该分枝终结于叶节点。在叶节点,所有的样本被分类到正确率最高的类标号中。

3) 重复 2)，添加新的决策节点直到决策树无法增长。

下面举例说明模糊决策树的构造过程。训练样本集如表 6-2 所示，$\beta = 0.7$ 表示正确分类的阈值。首先计算每个属性的分类标识模糊度，以 A_1 为例。

$$G(A_1) = \sum_{i=1}^{3} w(a_{1i}) G(a_{1i}) = \sum_{i=1}^{3} \frac{M(a_{1i})}{\sum\limits_{j=1}^{3} M(a_{1j})} g(\pi(C \mid a_{1i}))$$

$$= \frac{1.9}{8} \times g(\{0.625, 1, 0.125\}) +$$

$$\frac{3.8}{8} \times g(\{1, 0.476, 0.762\}) + \frac{2.3}{8} \times g(\{0.3, 0.2, 1\})$$

$$= 0.196\,4$$

通过相同方法计算得到 $G(A_2) = 0.146\,9$，$G(A_3) = 0.165\,4$，$G(A_4) = 0.109\,4$。由于 A_4 的分类标号模糊度最小，因此被选为根节点。从 A_4 出发，有 2 个分枝（a_{41}, a_{42}）。在分枝 a_{41} 处，计算分类正确度：

$$S(a_{41}, C_1) = \frac{M(a_{41} \bigcap C_1)}{M(a_{41})} = \frac{0.7}{1.9} = 0.368$$

通过相同方法计算得到 $S(a_{41}, C_2) = 0.368$，$S(a_{41}, C_3) = 0.684$。由于未达到正确度阈值，因此需要继续进行划分。此时选的属性集合为 $\{A_1, A_2, A_3\}$，计算：

$$G(A_1 \mid a_{41}) = \sum_{i=1}^{3} w(a_{1i} \mid a_{41}) G(a_{1i} \bigcap a_{41})$$

$$= \sum_{i=1}^{3} \frac{M(a_{1i} \bigcap a_{41})}{\sum\limits_{j=1}^{3} M(a_{1j} \bigcap a_{41})} g(\pi(C \mid a_{1i} \bigcap a_{41}))$$

$$= 0.159\,4$$

通过相同的方法计算得到 $G(A_2 \mid a_{41}) = 0.272\,3$，$G(A_3 \mid a_{41}) = 0.086\,6$。由于 A_3 的分类标号模糊度最小，因此取 A_3 为分裂属性。从 A_3 出发，有 2 个分枝（a_{31}, a_{32}）。在 a_{31} 分枝上，分别计算分类正确度：

$$S(a_{41} \bigcap a_{31}, C_1) = \frac{M(a_{41} \bigcap a_{31} \bigcap C_1)}{M(a_{41} \bigcap a_{31})} = \frac{0.5}{1.6} = 0.312\,5$$

通过相同方法计算得到：$S(a_{41} \bigcap a_{31}, C_2) = 0.375$，$S(a_{41} \bigcap a_{31}, C_3) = 0.75$。由于 $S(a_{41} \bigcap a_{31}, C_3) \geqslant \beta$，因此产生叶节点，标号为 C_3。继续在 a_{32} 分枝上重复以上过程。

表 6-2　训练样本集

ID	A_1			A_2			A_3		A_4		C		
	a_{11}	a_{12}	a_{13}	a_{21}	a_{22}	a_{23}	a_{31}	a_{32}	a_{41}	a_{42}	C_1	C_2	C_3
1	0.9	0.1	0.0	1.0	0.0	0.0	0.8	0.2	0.4	0.6	0.0	0.8	0.2
2	0.8	0.2	0.0	0.6	0.4	0.0	0.0	1.0	1.0	0.0	1.0	0.7	0.0
3	0.0	0.7	0.3	0.8	0.2	0.0	0.1	0.9	0.2	0.8	0.3	0.6	0.1
4	0.2	0.7	0.1	0.3	0.7	0.0	0.2	0.8	0.3	0.7	0.9	0.1	0.0

续表

ID	A_1			A_2			A_3		A_4		C		
	a_{11}	a_{12}	a_{13}	a_{21}	a_{22}	a_{23}	a_{31}	a_{32}	a_{41}	a_{42}	C_1	C_2	C_3
5	0.0	0.1	0.9	0.7	0.3	0.0	0.5	0.5	0.5	0.5	0.0	0.0	1.0
6	0.0	0.7	0.3	0.0	0.3	0.7	0.7	0.3	0.4	0.6	0.2	0.0	0.8
7	0.0	0.3	0.7	0.0	0.0	1.0	0.0	1.0	0.1	0.9	0.0	0.0	1.0
8	0.0	1.0	0.0	0.0	0.2	0.8	0.2	0.8	0.0	1.0	0.7	0.0	0.3

要利用程序实现模糊决策树的构造还需要证明以下性质。

性质 1 设决策树已经构造到第 k 层（根节点是第 1 层），第 k 层上的属性节点 A_{i_k} 的第 m 个分枝上的 C_l 类的分类正确率 $S\left(\bigcap_{i\in\langle i_1,\cdots,i_{k-1}\rangle} a_{is_i} \bigcap a_{i_km}, C_l\right)$。从第 1 层到第 $k-1$ 层的节点依次是 $\{A_{i_1}, \cdots, A_{i_{k-1}}\}$，相应的分枝表示为 $\{a_{i_1s_{i_1}}, \cdots, a_{i_{k-1}s_{i_{k-1}}}\}$，每层属性节点确定后，对所有样本在属性 $A_i(A_i \in \{A_{i_k}, \cdots, A_{i_K}\})$ 上的第 $p(p \in \{1, \cdots, S_i\})$ 个取值做 $a_{ip} \bigcap a_{i_rs_{i_r}}$（其中 $r \in \{1, 2, \cdots, k-1\}$），对分类属性 C 上第 l 个取值做 $a_{i_ks_i} \bigcap C_l$，之后，删除属性 A_{i_k}，得到新的数据集 A'。A' 上求 C'_l 类的分类正确率表示为 $S(a'_{i_km}, C'_l)$，有 $S(a'_{i_km}, C'_l) = S\left(\bigcap_{i\in\langle i_1,\cdots,i_{k-1}\rangle} a_{is_i} \bigcap a_{i_km}, C_l\right)$。

证明：当 $k=1$ 时，$S(a'_{i_1m}, C'_l) = S(a_{i_1m}, C_l)$，等式成立。

当 $k>1$ 时，根据式（6-1）有：

$$S\left(\bigcap_{r\in\{1,\cdots,k-1\}} a_{i_rs_{i_r}} \bigcap a_{i_km}, C_l\right) = \frac{M\left(\bigcap_{r\in\{1,\cdots,k-1\}} a_{i_rs_{i_r}} \bigcap a_{i_km} \bigcap C_l\right)}{M\left(\bigcap_{r\in\{1,\cdots,k-1\}} a_{i_rs_{i_r}} \bigcap a_{i_km}\right)}$$

$$= \frac{\sum_u \min(a_{i_1s_{i_1}}, a_{i_2s_{i_2}}, \cdots, a_{i_km}, C_l)}{\sum_u \min(a_{i_1s_{i_1}}, a_{i_2s_{i_2}}, \cdots, a_{i_km})} \tag{6-9}$$

根据条件，有

$$C'_l = \bigcap_{r\in\{1,\cdots,k-1\}} a_{i_rs_{i_r}} \bigcap C_l = \min(a_{i_1s_{i_1}}, \cdots, a_{i_{k-1}s_{i_{k-1}}}, C_l) \tag{6-10}$$

以及

$$a'_{i_km} = \bigcap_{i_r\in\{i_1,\cdots,i_{k-1}\}} a_{i_rs_{i_r}} \bigcap a_{i_km} = \min(a_{i_1s_{i_1}}, \cdots, a_{i_{k-1}s_{i_{k-1}}}, a_{i_km}) \tag{6-11}$$

将式（6-10）、式（6-11）代入式（6-1）中，有

$$S(a'_{i_km}, C'_l) = \frac{M(a'_{i_km}, C'_l)}{M(a'_{i_km})} = \frac{\sum_u \min(a_{i_1s_{i_1}}, \cdots, a_{i_{k-1}s_{i_{k-1}}}, a_{i_km}, C_l)}{\sum_u \min(a_{i_1s_{i_1}}, \cdots, a_{i_{k-1}s_{i_{k-1}}}, a_{i_km})} \tag{6-12}$$

根据式（6-9）、式（6-12）有

$$S(a'_{i_km}, C'_l) = S\left(\bigcap_{i\in\langle i_1,\cdots,i_{k-1}\rangle} a_{is_i} \bigcap a_{i_km}, C_l\right)$$

证明完毕。

性质 2　设决策树已经构造到第 k 层（根节点是第 1 层），第 k 层上的属性节点 A_{i_k} 的第 m 个分枝上的剩余属性集 $\{A_n | n \in \{i_{k+1}, \cdots, i_K\}\}$ 中属性 A_n 上的分类模糊度为 $G(A_n |_{r \in \{1, \cdots, k-1\}} \bigcap a_{i_r s_{i_r}} \bigcap a_{i_k m})$。从第 1 层到第 $k-1$ 层的节点依次是 $\{A_{i_1}, \cdots, A_{i_{k-1}}\}$，相应的分枝表示为 $\{a_{i_1 s_{i_1}}, \cdots, a_{i_{k-1} s_{i_{k-1}}}\}$，每层属性节点确定后，对所有样本在属性 $A_i (A_i \in \{A_{i_k}, \cdots, A_{i_K}\})$ 上的第 $p (p \in \{1, \cdots, S_i\})$ 个取值做 $a_{ip} \bigcap a_{i_r s_{i_r}}$（其中 $r \in \{1, 2, \cdots, k-1\}$），对分类属性 C 上第 l 个取值做 $a_{i_r s_{i_r}} \bigcap C_l$，之后，删除属性 A_{i_k}，得到新的数据集 A'。在新的数据集上属性 A_n 上的分类模糊度为 $G(A'_n | a'_{i_k m})$，有 $G(A'_n | a'_{i_k m}) = G(A_n |_{r \in \{1, \cdots, k-1\}} \bigcap a_{i_r s_{i_r}} \bigcap a_{i_k m})$。

证明：当 $k = 1$ 时，属性 A_n 上的分类模糊度为 $G(A_n | a_{i_1 s_{i_1}}) = \sum\limits_{s_{i_1}=1}^{S_i} w(a_{i s_i} | a_{i_1 s_{i_1}}) G(a_{i s_i} \bigcap a_{i_1 s_{i_1}})$，$G(A'_n) = G(A_n | a_{i_1 s_{i_1}})$，因此等式成立。

当 $k > 1$ 时，根据式(6-8)有

$$
\begin{aligned}
& G(A_n |_{r \in \{1, \cdots, k-1\}} \bigcap a_{i_r s_{i_r}} \bigcap a_{i_k m}) \\
& = \sum_{s_n=1}^{s_n=S_n} w(a_{n s_n} |_{r \in \{1, \cdots, k-1\}} \bigcap a_{i_r s_{i_r}} \bigcap a_{i_k m}) G\Big(_{r \in \{1, \cdots, k-1\}} \bigcap a_{i_r s_{i_r}} \bigcap a_{n s_n} \bigcap a_{i_k m}\Big)
\end{aligned}
\tag{6-13}
$$

根据条件，有

$$
\begin{aligned}
G(A'_n | a'_{i_k m}) & = \sum_{s_n=1}^{s_n=S_n} w(a'_{n s_n} | a'_{i_k m}) G(a'_{n s_n} \bigcap a'_{i_k m}) \\
& = \sum_{s_n=1}^{s_n=S_n} w\Big(_{r \in \{1, \cdots, k-1\}} \bigcap a_{i_r s_{i_r}} \bigcap a_{n s_n} \bigcap a_{i_k m}\Big) G\Big(_{r \in \{1, \cdots, k-1\}} \bigcap a_{i_r s_{i_r}} \bigcap a_{n s_n} \bigcap a_{i_k m}\Big)
\end{aligned}
\tag{6-14}
$$

根据式(6-8)有

$$
w\Big(a_{n s_n} |_{r \in \{1, \cdots, k-1\}} \bigcap a_{i_r s_{i_r}} \bigcap a_{i_k m}\Big) = \frac{M\Big(_{r \in \{1, \cdots, k-1\}} \bigcap a_{i_r s_{i_r}} \bigcap a_{i_k m} \bigcap a_{n s_n}\Big)}{\sum\limits_{s_n=1}^{s_n=S_n} M\Big(_{r \in \{1, \cdots, k-1\}} \bigcap a_{i_r s_{i_r}} \bigcap a_{i_k m} \bigcap a_{n s_n}\Big)}
\tag{6-15}
$$

$$
w\Big(_{r \in \{1, \cdots, k-1\}} \bigcap a_{i_r s_{i_r}} \bigcap a_{n s_n} \bigcap a_{i_k m}\Big) = \frac{M\Big(_{r \in \{1, \cdots, k-1\}} \bigcap a_{i_r s_{i_r}} \bigcap a_{i_k m} \bigcap a_{n s_n}\Big)}{\sum\limits_{s_n=1}^{s_n=S_n} M\Big(_{r \in \{1, \cdots, k-1\}} \bigcap a_{i_r s_{i_r}} \bigcap a_{i_k m} \bigcap a_{n s_n}\Big)}
\tag{6-16}
$$

由于式(6-15)和式(6-16)两式相等，因此 $G(A'_n | a'_{i_k m}) = G(A_n |_{r \in \{1, \cdots, k-1\}} \bigcap a_{i_r s_{i_r}} \bigcap a_{i_k m})$。

证明完毕。

根据性质 1 和性质 2，考虑利用递归算法构造模糊决策树。假设决策树构建到第 k 层，计算每个类标号的分类正确率，如果未达到阈值，则根据属性选择度量从属性集合

$\{A_{i_k}, \cdots, A_{i_K}\}$ 中依次计算分类模糊度,选取最小的属性作为划分属性节点,第 k 层的属性节点 A_{i_k} 的第 $m\,(m \in \{1, \cdots, S_{i_k}\})$ 个分枝相应于值 $a_{i_k m}$,对所有样本,用 $a_{i_k m} \bigcap a_{i_t s_{i_t}}$ 代替数据集中原有的 $a_{i_t s_{i_t}}$,其中 $i_t \in \{i_{k+1}, \cdots, i_K\}$。在新的数据集上继续构建决策树。

经典决策树算法的训练样本集被设计为数据表的形式,如表 6-3(a) 所示。在程序中可以用矩阵存储。而模糊决策树算法需要记录样本在每个属性的各个取值上的模糊度,无法直接利用 6-3(a) 的表示方法。考虑将属性的每个取值依次排开,作为矩阵的列向量的标题栏,而矩阵中存储的信息则是每个样本在属性的某个取值上的模糊度,如表 6-3(b) 所示。

表 6-3 决策树输入样本集

(a) 经典决策树输入样本集

ID	A_1	A_2	C
1	a_{11}	a_{22}	c_2
2	a_{11}	a_{23}	c_1

(b) 模糊决策树输入样本集

ID	A_1		A_2			C		
	a_{11}	a_{12}	a_{21}	a_{22}	a_{23}	c_1	c_2	c_3
1	0.8	0.2	0.1	0.7	0.4	0.2	0.9	0.1

解决了样本数据集的输入形式问题之后,给出模糊决策树的构造算法和利用模糊决策树分类的算法。具体的算法参见附录Ⅱ、附录Ⅲ。

算法:Generate_fuzzy_decision_tree。由训练样本集 D 产生决策树。

输入:
- 样本数据集 S 中属性数据集合 patterns;
- 样本数据集 S 中类标号集合 targets;
- inc_node;// 划分错误的阈值

输出:根节点 tree

方法:

14) 初始化节点 tree;//

15) if patterns 中样本个数小于 inc_node,或者可选属性集为空 then

16)   标记 tree. pro 的取值为 targets 中的各个类的模糊度的平均值;

17)   标记 tree. name=□,tree. Nf=□,tree. child=□,tree. dim=0;//给 tree 添加叶节点

18)   返回;

19) 计算 G(A),如果属性 A 上的取值固定,则 G(A)=−1;G(A) 中非负最小值对应的属性就是最好的划分属性 A*,如果没有,则执行 3)、4),返回;

20) 令 tree. dim 为 A* 对应的下标,tree. Nf 为 A* 的取值向量,tree. name 为 A* 的名称,tree. pro=□;

21) for A* 的每个取值// 划分样本并对每个划分产生子树;

22) P_j 是 Patterns 中根据 A* 的取值进行模糊划分产生的子集;

23)　　　　　T_j 是 targets 中根据 A* 的取值进行模糊划分产生的子集;

24)　　　if　P_j 中样本个数小于 inc_node,或者可选属性集为空 then

25)　　　　　标记 tree. pro 的取值为 targets 中的各个类的模糊度的平均值;

26)　　　　　标记 tree. name＝□,tree. Nf＝□,tree. child＝□,tree. dim＝0;//给 tree 添加叶节点

27)　　　　　返回;

28)　　　else tree. child(j)＝ Generate_fuzzy_decision_tree(P_j, T_j, inc_code);

29)　 end for

30)　 返回 tree;

算法:Use_fuzzy_decision_tree。利用决策树求出测试样本的类标号。

输入:

测试数据集 T_e;

决策树 Tree;

输出:类标号 targets

方法:

11)　 初始化 targets;

12)　 if Tree 是叶节点 then

13)　　　　targets(indices)＝tree. pro;

14)　　　　return

15)　 dim＝tree. dim;//标记用于划分的属性

16)　 Uf 为测试数据集上划分属性的取值的按序排列;//如属性的取值为{a1, a2, a3},用数字标记为{1, 2, 3},而测试数据集上属性的取值只涉及{a1, a3},则 Uf＝[1, 3]

17)　 for 划分属性的每个取值

18)　　　　T_e(j)是按划分属性划分后的第 j 个测试样本集

19)　　　　temp＝Use_fuzzy_decision_tree(T_e(j), tree. child(j));

20)　　　　for k＝1:属性取值个数

21)　　　　　取 temp 与相应分枝上的模糊隶属度相乘,取最大值赋给 targets;

22)　 end for

23)　 返回 targets

6.6　利用模糊决策树算法预测工程变更争议判决结果

6.6.1　预测算法性能评价指标

在得到决策树之后,需要对它的性能做出评价。对于分类问题,一般采用误差率来衡量分类器的性能[178]。利用分类器对每个输入样本进行类预测,如果预测正确则分类成功,反之则分类错误。误差率是所有错误在整个样本集中所占比例。这些输入样本均来自实际的工程争议案例。

而在建立分类器阶段使用的样本集被称为训练集。直接用训练集上的误差率来反映分类器的性能并不准确。因为分类器是通过学习训练样本而来的。同时,分类器的使用者所关心

的是分类器对未知类标号的数据的分类效果。因此,需要一组没有参与分类器构建过程的数据集,在此数据集上评估分类器的误差率。这组独立数据集被称为测试集。

在评估中经常使用 k-折交叉确认,将所有数据划分为 k 个互不相交的子集 S_1,S_2,…,S_k,每个子集的大小大致相等。训练和测试进行 k 次。在第 i 次迭代中用 S_i 作为测试集,其余子集用于训练分类器。最终的误差率是 k 次迭代错误分类数除以初始数据中的样本总数。

混淆矩阵是分类器的性能指标之一,以 2 分问题为例,说明其基本原理。2 分问题的类标号有两种,假设是 1 和 0。一个预测可能产生四种结果,见表 6-4。

表 6-4　2 分类预测的不同结果

		预 测 类	
		1	0
真实类	1	正确的肯定	错误的否定
	0	错误的肯定	正确的否定

正确的肯定(TP)和正确的否定(TN)都是正确的分类结果,错误的肯定(FP)是将 0 误报为 1,也被称为第一类错误,而错误的否定(FN)是将 1 误报为 0,也被称为第二类错误。统计测试样本的结果,如表 6-5 所示。

表 6-5　2 分类混淆矩阵

		预测类		总计
		yes	no	
真实类	yes	n_1	n_2	n_1+n_2
	no	n_3	n_4	n_3+n_4
	总计	n_1+n_3	n_2+n_4	$n_1+n_2+n_3+n_4$

定义真正类率 TPR(True Positive Rate),计算公式为 $TPR = n_1/(n_1+n_2)$,表示分类器识别出的正实例占所有正实例的比例。负正类率 FPR(False Positive Rate),计算公式为 $FPR = n_3/(n_3+n_4)$,表示分类器错认为正类的负实例占所有负实例的比例。精确度 Precision,计算公式为 $Precision_{yes} = n_1/(n_1+n_2)$,$Precision_{no} = n_4/(n_3+n_4)$。正确率计算公式为 $(n_1+n_4)/(n_1+n_2+n_3+n_4)$。

6.6.2　工程变更争议结果预测

本章采用模糊决策树算法预测工程变更争议的判决结果。本文共收集了工程变更争议相关的 243 个判决过程,见表 3-1,具体如何收集案例参见第三章。由于判决书中,法官对各属性作出判断是比较明确的,因而属性的取值只有"存在"和"不存在"两种明确值。然而,在相同属性值下,案例的结果却可能是模糊的,存在不确定性。因而,类标号的取值被设为模糊值。第 6.5 节介绍的模糊决策树算法只需要稍许调整便可以应用到争议结果预测上。

表 6-6　输入样本集

(a)　分组的样本集

No.	A_1	A_2	A_3	A_4	A_5	C_1	C_2	C_3
x_2	1	0	0	1	0	1		
x_5	1	0	0	1	0		1	
x_6	1	0	0	1	0	1		
x_{10}	1	0	0	1	0		1	
x_1	0	1	1	0	0			1
x_3	1	0	1	1	1	1		
x_4	1	0	1	1	0		1	
x_7	0	0	0	1	1			1
x_8	0	0	0	1	1	1		
x_9	0	0	0	1	1	1		

(b)　预处理后的样本集

No.	A_1	A_2	A_3	A_4	A_5	C_1	C_2	C_3
x_2'	1	0	0	1	0	0.25	0.75	
x_1	0	1	1	0	0			1
x_3	1	0	1	1	1	1		
x_4	1	0	1	1	0		1	
x_7'	0	0	0	1	1	0.66		0.33

考虑对样本进行预处理,按属性值对样本分组(grouping),每一个样本组拥有相同的属性取值。例如,原始输入经过分组之后的样本集如表 6-6(a)所示。此处假设 $n=5$, $M=10$, $P=3$。经过上述处理,分类属性 A_1, A_2, $\cdots$, A_5 依然是确定集,而类标号属性 C 被建模为模糊集合,取值由原始的一维变成多维形式,如表 6-6(b)所示。

下面给出模糊决策树算法在工程变更争议判决结果预测上的性能。输入数据分四种情况。第一种情况下输入样本包括争议原告方是发包人,被告方是承包人,争议对象是承包人是否承担擅自变更产生的费用以及争议的原告方是承包人,被告方是发包人,争议对象是被告是否支付工程变更产生的相关费用;第二种情况只考虑争议的原告方是承包人,被告方是发包人;第三种情况只考虑承包人向发包人主张价款方面的争议;第四种情况只考虑承包人向发包人主张工期方面的争议。测试数据分为两种:一是原训练数据,二是交叉验证。模糊决策树算法的实现在 Matlab 软件中编写,而与之作性能比较的决策树算法是 Matlab 自带的 Cart 决策树算法。下面给出两种算法的性能比较结果。

表 6-7　4 分类, 原训练数据集上模糊 C4.5 分类器和 Cart 分类器性能比较

指标	模糊 C4.5 分类器				Cart 分类器			
	发包人胜诉	发包人败诉	承包人胜诉	承包人败诉	发包人胜诉	发包人败诉	承包人胜诉	承包人败诉
TPR	0.95	1	0.77	0.96	0.3	1	0.92	0.75
FPR	0.00	0.004 5	0.026	0.16	0.00	0.00	0.18	0.05
Precision	1	0.90	0.95	0.83	1	0.063	0.76	0.92
正确率	89.3%				80.2%			

表 6-8　2 分类, 原训练数据集上模糊 C4.5 分类器和 Cart 分类器性能比较

指标	模糊 C4.5 分类器		Cart 分类器	
	承包人胜诉	承包人败诉	承包人胜诉	承包人败诉
TPR	0.86	0.96	0.92	0.75
FPR	0.036	0.14	0.24	0.076
Precision	0.95	0.89	0.77	0.92
正确率	91.6%		83.2%	

表 6-9　2 分类, $k=10$, 模糊 C4.5 分类器和 Cart 分类器性能比较

指标	模糊 C4.5 分类器		Cart 分类器	
	承包人胜诉	承包人败诉	承包人胜诉	承包人败诉
TPR	0.79	0.88	0.87	0.74
FPR	0.12	0.21	0.26	0.13
Precision	0.85	0.84	0.73	0.87
正确率	86.4%		79.7%	

表 6-10　价款争议, 原训练数据集上模糊 C4.5 分类器和 Cart 分类器性能比较

指标	模糊 C4.5 分类器		Cart 分类器	
	承包人胜诉	承包人败诉	承包人胜诉	承包人败诉
TPR	0.89	0.99	1	0.77
FPR	0.013	0.11	0.23	0.00
Precision	0.98	0.91	0.79	1
正确率	94.3%		87.8%	

表 6-11　工期争议,原训练数据集上模糊 C4.5 分类器和 Cart 分类器性能比较

指标	模糊 C4.5 分类器		Cart 分类器	
	承包人胜诉	承包人败诉	承包人胜诉	承包人败诉
TPR	0.77	0.91	0.77	0.66
FPR	0.086	0.22	0.34	0.22
Precision	0.875	0.84	0.64	0.79
正确率	85.5%		71.0%	

对比表中的结果,得到以下结论:

1) 从表 6-7 中发现,模糊决策树可以很好地区分出承包人主张权利和发包人主张权利的案例,分别作出结果预测。而 Cart 分类器中发包人主张权利的案例受到承包人主张权利的案例影响,几乎无法作出准确判断,如发包人胜诉的 TPR 只有 0.3,而发包人败诉的 Precision 只有 0.063。

2) 对比表 6-7 和表 6-8 发现,在不考虑发包人主张权利的案例下,模糊决策树算法的性能有所提高,承包人胜诉的 TPR 从 0.77 上升到 0.86。而 Cart 分类器的 TPR 没有变化。表 6-8 中,模糊决策树分类器在承包人胜诉的预测上 TPR 小于 Cart 分类器,而在承包人败诉的预测上 TPR 要高于 Cart 分类器的,总体的正确率前者要高于后者。

3) 对比表 6-8 和表 6-9 发现,交叉验证下,分类器的性能比原训练数据集上的预测性能要差。表 6-9 中,模糊决策树分类器总体的正确率高于 Cart 分类器,而在承包人胜诉的预测上 TPR 小于 Cart 分类器,在承包人败诉的预测上 TPR 要高于 Cart 分类器。同样的结论也出现在表 6-10 中。

4) 表 6-11 中,模糊决策树分类器总体的正确率高于 Cart 分类器,而在承包人胜诉的预测上双方的 TPR 相同,在承包人败诉的预测上 TPR 要高于 Cart 分类器的。同时也发现,表 6-11 中两种分类器的总体正确率的差距是五张表中最大的。

5) 对比表 6-10 和表 6-11 发现,决策树在承包人向发包人要求延长工期上的预测性能要远差于要求增加价款上的预测性能,这也反映出工期相关的判决存在的模糊度要大于价款相关的判决。这主要因为实际中工期的损失证明要难于价款的增加证明。

6.7　本章小结

本章利用决策树算法预测工程争议判决结果。首先介绍了决策树的构造过程。其次针对争议判决的不一致,提出了运用模糊决策树算法解决输入案例的模糊问题。接着给出了模糊决策树的迭代构造过程。最后验证了模糊决策树算法的性能。通过对输入样本的预测,得到结论:

1) 模糊 C4.5 分类器的性能要优于 Cart 分类器。

2）在承包人胜诉这一类的预测上，Cart 分类器的正确率要高于模糊 C4.5 分类器，而在发包人胜诉类的预测上，模糊 C4.5 分类器的正确率要高于 Cart 分类器。

3）工期补偿争议的判决模糊度要高于工程价款补偿争议，决策树算法对前者的预测正确率也小于后者。

第七章　基于神经网络的工程争议结果预测

7.1　概述

　　法律论证的结果由各个影响因素的取值决定,而不同因素有不同权重,这些权重隐藏在每次判决过程中,需要用算法将之提取出来。同时,法律推理还受到不确定性的影响,导致相同的条件可能有不同的结果。为了解决这些问题,本章考虑将人工神经网络(ANN)应用于争议结果预测中,"学习"专家的判决过程,对影响结果的各因素权重进行自适应调整。

　　ANN 是一种模仿生物神经网络的结构和功能的数学模型。由于 ANN 具有复杂的动力学特点、并行处理机制、学习、联想和记忆等功能,受到各研究领域学者的重视。ANN 的研究始于 1943 年,由 McCulloch W. S. 和 Pitts W. 提出 M-P 模型[179],具有开创意义,为今后的研究提供依据[180]。自 20 世纪 80 年代以来,神经网络被广泛应用于各技术领域,如模式识别、智能控制、专家系统和人工智能等。

7.2　神经网络的基本概念

　　图 7-1 表示了人工神经网络的基本单元神经元模型。模型主要包括输入信号,加权求和,激活函数以及输出。

　　模型中存在以下关系:

$$u_k = \sum_{j=1}^{p} w_{kj} x_j , \ v_k = u_k - \theta_k , \ y_k = \varphi(v_k)$$

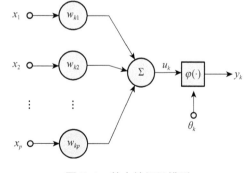

图 7-1　基本神经元模型

其中,$x_1 , \cdots , x_p$ 是输入信号;$w_{k1} , \cdots , w_{kp}$ 是神经元 k 的权值;θ_k 为阈值;$\varphi(\cdot)$ 为激活函数;y_k 为输出。

　　激活函数有四种形式,见图 7-2(a)~(d)。

　　(a) 阈值函数,也被称为阶梯函数

$$\varphi(v) = \begin{cases} 1 & v \geqslant 0 \\ 0 & v < 0 \end{cases}$$

（b）线性函数

$$\varphi(v) = v$$

（c）log-sigmoid 函数

$$\varphi(v) = \frac{1}{1 + \exp(-av)}$$

（d）tan-sigmoid 函数

$$\varphi(v) = \frac{1 - e^{-v}}{1 + e^{-v}}$$

其中,(a)的主要特征是不可微,常应用于感知器模型、M-P 模型及 Hopfield 模型;(b)主要用在自适应线性滤波中作线性拟合;(c)和(d)的主要特征是可微,常用于 BP 模型中。

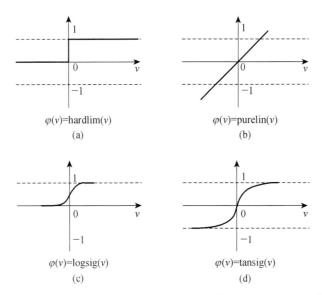

$\varphi(v) = \text{hardlim}(v)$ \
(a)

$\varphi(v) = \text{purelin}(v)$ \
(b)

$\varphi(v) = \text{logsig}(v)$ \
(c)

$\varphi(v) = \text{tansig}(v)$ \
(d)

（a）阈值函数;（b）线性函数;（c）log-sigmoid 函数;（d）tan-sigmoid 函数

图 7-2　激活函数

ANN 有三种学习方式:

（1）监督学习:这种方式需要一组训练样本集,学习系统根据已知输出与实际输出之间的差值调节系统参数。

（2）非监督学习:非监督学习按照样本集的某些统计规律来调节自身参数,以表示外部输入的某种固有特性。

（3）强化学习:这种学习方式介于两者之间,训练集对系统输出给出评价,学习系统通过强化受奖励的动作改善自身性能。

7.3　ANN 算法介绍

本节介绍常用的两种神经网络 BP 神经网络和概率神经网络的原理。主要研究网络各参数的意义,以及在不同应用场合下参数的设置,为下一节利用神经网络进行判决结果预测打下基础。

7.3.1　BP 神经网络

BP（Back Propagation）网络由 Rumelhart D. E. 和 McCelland J. L. 提出[108],是一种按误差逆传播算法训练的多层前馈网络。其基本的神经元如图 7-1 所示,其中激活函数通常采用 sigmoid 函数,如图 7-2(c)所示。BP 网络由一个输入层、一个或多个隐藏层和一个输出层组成,如图 7-3(a)所示。

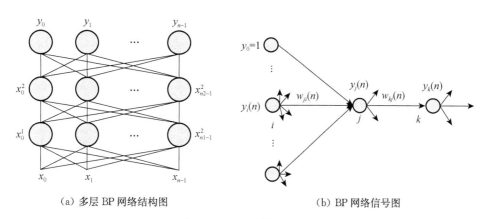

(a) 多层 BP 网络结构图　　　　　(b) BP 网络信号图

图 7-3　BP 网络原理图

由于其激活函数是一个连续可微的函数,因而利用这种神经网络进行分类或预测时,所划分的区域是由非线性的超平面组成,界面柔和光滑,容错性好。在进行权重学习时,可以严格利用梯度法进行推算,得到权重解析式十分明确[180]。

BP 神经网络的工作原理如下:符号 i, j, k 表示神经网络中不同的神经元,神经元 j 所在层在神经元 i 所在层的右边,而神经元 k 所在层在神经元 j 所在层的右边,见图 7-3(b)。在迭代 n,第 n 个训练样本输入网络,$e_j(n)$ 表示迭代 n 时神经元 j 的输出误差信号,$d_j(n)$ 表示神经元 j 的期望输出,$y_j(n)$ 表示迭代 n 时神经元 j 的输出信号,$w_{ji}(n)$ 是迭代 n 时从神经元 i 的输出连接到神经元 j 的输入权值,$v_j(n)$ 是神经元 j 的加权求和,神经元 j 的阈值 θ_j 被带入至 $v_j(n)$。输入向量的第 i 个元素用 $x_i(n)$ 表示,输出向量的第 k 个元素用 $o_k(n)$ 表示[181-182]。

当神经元 j 是输出节点时,在迭代 n 的输出误差信号定义为 $e_j(n)=d_j(n)-y_j(n)$。误差能量的瞬间值的计算公式是 $\varepsilon(n)=\frac{1}{2}\sum_{j\in C}e_j^2(n)$。令 N 为训练样本的总数,因而在整个样本集上的均方误差能量表示为 $\varepsilon_{av}=\frac{1}{N}\sum_{n=1}^{N}\varepsilon(n)$。学习过程的目的是调整网络参数,使 ε_{av} 最小化。

神经元 j 的加权求和表示为 $v_j(n)=\sum_{i=0}^{m}w_{ji}(n)y_i(n)$, m 是神经元 j 的输入个数,$w_{j0}=\theta_j$, $y_0=-1$。神经元 j 的输出函数 $y_j(n)=\varphi_j(v_j(n))$。BP 算法对权重 $w_{ji}(n)$ 应用修正值 $\Delta w_{ji}(n)$,正比于 $\partial\varepsilon(n)/\partial w_{ji}(n)$,而后者的值为

81

$$\frac{\partial \varepsilon(n)}{\partial w_{ji}(n)} = \frac{\partial \varepsilon(n)}{\partial e_j(n)} \frac{\partial e_j(n)}{\partial y_j(n)} \frac{\partial y_j(n)}{\partial v_j(n)} \frac{\partial v_j(n)}{\partial w_{ji}(n)}$$

$$= e_j(n) \times (-1) \times \varphi'_j(v_j(n)) \times y_i(n)$$

(7-1)

而修正 $\Delta w_{ji}(n)$ 被定义为

$$\Delta w_{ji}(n) = -\eta \frac{\partial \varepsilon(n)}{\partial w_{ji}(n)} = \eta \delta_j(n) y_i(n)$$

其中,梯度 $\delta_j(n)$ 为 $\delta_j(n) = e_j(n) \varphi'_j(v_j(n))$。

计算 $e_j(n)$ 分两种情况:神经元 j 是输出节点,此时 $e_j(n) = d_j(n) - y_j(n)$;神经元 j 是隐藏层节点,此时的计算要复杂一些。将 $\delta_j(n)$ 重新定义为

$$\delta_j(n) = -\frac{\partial \varepsilon(n)}{\partial y_j(n)} \frac{\partial y_j(n)}{\partial v_j(n)} = -\frac{\partial \varepsilon(n)}{\partial y_j(n)} \varphi'_j(v_j(n))$$

(7-2)

在 $\varepsilon(n) = \frac{1}{2} \sum_{k \in C} e_k^2(n)$ 两边对 $y_j(n)$ 求偏导,得到

$$\frac{\partial \varepsilon(n)}{\partial y_j(n)} = \sum_k e_k(n) \frac{\partial e_k(n)}{\partial y_j(n)}$$

(7-3)

对式(7-3)用链式规则,得到

$$\frac{\partial \varepsilon(n)}{\partial y_j(n)} = \sum_k e_k(n) \frac{\partial e_k(n)}{\partial v_k(n)} \frac{\partial v_k(n)}{\partial y_j(n)}$$

(7-4)

由于 $e_k(n) = d_k(n) - y_k(n) = d_k(n) - \varphi_k(v_k(n))$,因此

$$\frac{\partial e_k(n)}{\partial v_k(n)} = -\varphi'_k(v_k(n))$$

(7-5)

由于 $v_k(n) = \sum_{j=0}^{m} w_{kj}(n) y_j(n)$,对 $y_j(n)$ 求偏导,有

$$\frac{\partial v_k(n)}{\partial y_j(n)} = w_{kj}(n)$$

(7-6)

将式(7-5)和式(7-6)带入式(7-4)中,得到

$$\frac{\partial \varepsilon(n)}{\partial y_j(n)} = -\sum_k e_k(n) \varphi'_k(v_k(n)) w_{kj}(n) = -\sum_k \delta_k(n) w_{kj}(n)$$

(7-7)

将式(7-7)带入式(7-2)中,有

$$\delta_j(n) = \varphi'_j(v_j(n)) \sum_k \delta_k(n) w_{kj}(n)$$

(7-8)

综合以上过程,得到神经元 i 连接到神经元 j 的权重校正值 $\Delta w_{ji}(n)$ 的值定义如下:

$$\Delta w_{ji}(n) = \eta \delta_j(n) y_j(n)$$

(7-9)

而 $\delta_j(n)$ 取决于神经元 j 是输出节点还是隐藏层节点:

(1) 如果神经元 j 是输出节点,$\delta_j(n) = e_j(n) \varphi'_j(v_j(n))$;

（2）如果神经元 j 是隐藏层节点，$\delta_j(n) = \varphi_j'(v_j(n)) \sum\limits_k \delta_k(n) w_{kj}(n)$。

以上证明是当神经元 k 是输出层节点的情况下成立，下面假设神经元 k 是任意隐藏层上的节点，i，j，k 顺序不变，$\delta_j(n)$ 满足 $\delta_j(n) = \varphi_j'(v_j(n)) \sum\limits_k \delta_k(n) w_{kj}(n)$，如果能证明

$$\delta_i(n) = \varphi_i'(v_i(n)) \sum\limits_j \delta_j(n) w_{ji}(n) \tag{7-10}$$

则在所有网络层上式（7-9）成立。

由式（7-2）可知

$$\delta_i(n) = -\frac{\partial \epsilon(n)}{\partial y_i(n)} \frac{\partial y_i(n)}{\partial v_i(n)} = -\frac{\partial \epsilon(n)}{\partial y_i(n)} \varphi_i'(v_i(n)) \tag{7-11}$$

由于 $\epsilon(n) = f(v_1, \cdots, v_j, \cdots, v_m)$，其中 m 表示神经元 j 所在层的节点总数，$f(\cdot)$ 表示某种函数关系，而 $v_j(n) = \sum\limits_{i=0}^{p} w_{ji}(n) y_i(n)$，其中 p 表示神经元 i 所在层的节点总数。根据链式法则，有

$$\frac{\partial \epsilon(n)}{\partial y_i(n)} = \sum\limits_{j=1}^{m} \frac{\partial \epsilon(n)}{\partial v_j} \frac{\partial v_j}{\partial y_i} \tag{7-12}$$

将式（7-12）带入式（7-11），可得

$$\begin{aligned} \delta_i(n) &= -\sum\limits_{j=1}^{m} \frac{\partial \epsilon(n)}{\partial v_j} \frac{\partial v_j}{\partial y_i} \varphi_i'(v_i(n)) = -\sum\limits_{j=1}^{m} \frac{\partial \epsilon(n)}{\partial y_j} \frac{\partial y_j}{\partial v_j} w_{ji} \varphi_i'(v_i(n)) \\ &= \sum\limits_{j=1}^{m} \delta_j(n) w_{ji} \varphi_i'(v_i(n)) \end{aligned} \tag{7-13}$$

证明完毕。

7.3.2　概率神经网络

概率神经网络是由径向基函数模型发展而来的一种前馈型神经网络，被广泛应用于分类问题中[183-184]。该神经网络由输入层、隐含层、求和层和输出层组成，其结构如图 7-4 所示。

输入层接收来自测试样本的值，直接传递给隐含层。隐含层可以按照类标号的取值个数 L 分为相应的组，例如，图 7-4 表示 $L=2$，隐含层相应分为两组。每组隐含层的个数等于训练样本集中类取值为 $C_i(i=1, \cdots, L)$ 的样本个数。隐含层中第 i 组的第 j 个神经元的输出表示为

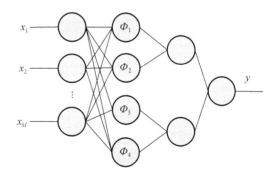

图 7-4　概率神经网络的结构

$$\Phi_{ij} = \frac{1}{(2\pi)^{1/2} \sigma^d} e^{\frac{(x-x_{ij})(x-x_{ij})^T}{\sigma^2}}$$

其中，x_{ij} 是训练样本集中类取值为 C_i 的第 j 个样本的属性向量；d 是样本属性的个数；σ 被称

为平滑因子。

求和层把隐含层中属于同一类的隐含神经元的输出做平均：

$$v_i = \frac{\sum_{j=1}^{P} \Phi_{ij}}{P}$$

其中，v_i 是第 i 类的输出；P 表示第 i 类的神经元个数。求和层的神经元个数与类别数 L 相同。

输出层取求和层中最大的一个作为输出的类别：$y = \mathrm{argmax}(v_i)$，其对应的输出为 1，其余神经元的输出为 0。

概率神经网络有如下特性：

（1）训练容易，收敛速度快。

（2）可以实现任意的非线性逼近。

（3）考虑了不同类别模式样本的交错影响，具有很强的容错性。

（4）其隐含层的节点数目随着训练样本的增加而增加，因而，占用存储空间较大。

（5）可以解决训练样本中属性取值相同而类标号取值不同的情况。这对于本研究的预测很重要。

7.4　基于 ANN 的分类预测

一组判决案例集被表示为 $X = \{x_1, x_2, \cdots, x_M\}$，其中，$M$ 表示样本个数。样本属性集为 $A = \{A_1, \cdots, A_n\}$，n 表示属性个数。判决结果，即类标号属性 $C = \{C_0, \cdots, C_P\}$，P 为结果个数。构建 ANN，输入层节点个数为 n，输出层节点个数为 1，设置隐藏层层数 L、学习率 η 等参数，最后进行权重学习。

ANN 的分类性能受到训练样本集的不确定性的影响。比如，样本 $x_i = [a_{i1}, a_{i2}, \cdots, a_{in}]$，其中样本 x_j 的属性取值与 x_i 相同，然而两者分类标号不同。此时，ANN 无法区分这两种样本。解决这种问题的传统做法是将其中一个样本作为噪声数据剔除，结果却导致样本数据的不准确。

下面通过改进 ANN 的设计来解决不确定性的问题。考虑对样本进行预处理，按属性值对样本分组，每一个样本组拥有相同的属性取值。例如，原始输入经过分组之后的样本集如表 7-1(a)所示。此处假设 $n = 5$，$M = 10$，$P = 3$。

表 7-1　输入样本集

(a)　分组的样本集

No.	A_1	A_2	A_3	A_4	A_5	C_1	C_2	C_3
x_2	1	0	0	1	0	1		
x_5	1	0	0	1	0		1	
x_6	1	0	0	1	0		1	

No.	A_1	A_2	A_3	A_4	A_5	C_1	C_2	C_3
x_{10}	1	0	0	1	0		1	
x_1	0	1	1	0	0			1
x_3	1	0	1	1	1	1		
x_4	1	0	1	1	0		1	
x_7	0	0	0	1	0			1
x_8	0	0	0	1	1	1		
x_9	0	0	0	1	1	1		

(b)　预处理后的样本集

No.	A_1	A_2	A_3	A_4	A_5	C_1	C_2	C_3
x_2'	1	0	0	1	0	0.25	0.75	
x_1	0	1	1	0	0			1
x_3	1	0	1	1	1	1		
x_4	1	0	1	1	0		1	
x_7'	0	0	0	1	1	0.66		0.33

在表 7-1(a)中,分别统计类标号的出现概率,将原来的输出结果从一维的类标号变成多维向量,每个向量是类标号的出现概率。经过预处理后的样本集如表 7-1(b)所示。与之相应的 ANN 的输出层节点个数也变成 P 个。将处理过后的样本集输入 ANN 中,进行结果预测。

7.5　利用神经网络预测工程变更争议判决结果

7.5.1　分类准备

本章利用 ANN 算法预测工程变更争议的判决结果。为了实现这一目标,首先需要收集工程争议案例,其次从案例中提取影响因素,最后分析算法性能。基本的路线图见图 7-5。其中,案例收集参见第三章,因素提取参见第六章,本节从神经网络设计开始介绍。

关于分类器的性能,除了第六章中讨论的混淆矩阵和各种指标以外,本节加入新的指标 ROC 曲线(Receiver Operating Characteristic Curve)。ROC 曲线以 FPR 为横轴,TPR 为纵轴,将各个(FPR, TPR)点标出,连接成曲线。分类器对每个样本产生一个概率值,当概率值大于设定的阈值 t 时,样本被划分为正例,否则被划分为负例。将所有样本处理完后,便在 ROC 空间中产生一个点。如果让 t 不断变化,就会产生无数个点,连起来便形成曲线。图 7-6 给出三种分类器的 ROC 曲线,性能从高到低依次是分类器 2、分类器 1、分类器 3。

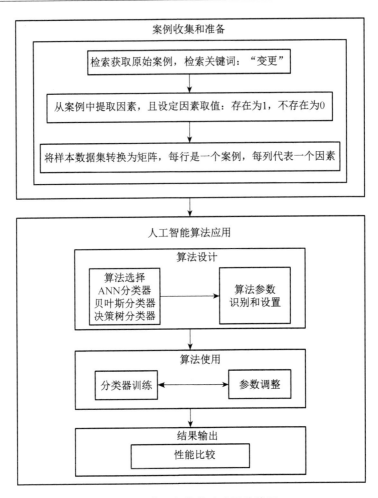

图 7-5 人工智能算法应用路线图

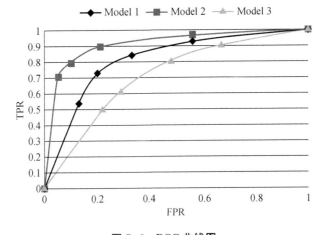

图 7-6 ROC 曲线图

与 ROC 相关的另一个评价指标是 AUC(Area Under Curve)指标,该指标计算 ROC 曲线下的面积,值越大则分类器的性能越好。计算 AUC 的方法很多,比较通用的方法是利用积分法求 ROC 曲线下的面积,具体的过程见文献[185]。

7.5.2　ANN 网络设计和性能比较

本节利用 Matlab R2012b 软件完成神经网络训练和预测。首先,调用软件自带的 cvpartition 函数将输入的样本划分为训练数据和测试数据。其次,调用 feedforwardnet 函数生成 BP 神经网络。接着,调用 train 函数对网络进行训练,调用 sim 函数计算测试数据的输出。最后,用 confusionmat 函数生成混淆矩阵,评价神经网络的 TPR 和 FPR,用 perfcurve 函数画 ROC 曲线,以及计算 AUC 指标,完成神经网络的性能评价。概率神经网络与 BP 神经网络的不同之处在于生成网络的函数是 newpnn,且没有训练过程,直接用 sim 函数计算输出。具体的 Matlab 代码见附录Ⅳ。下面将分析第 7.4 节中提出的预处理以及不同神经网络对预测性能的影响。

输入数据分四种情况:第一种情况下输入样本包括争议原告方是发包人,被告方是承包人,争议对象是承包人是否承担擅自变更产生的费用以及争议的原告方是承包人,被告方是发包人,争议的对象是被告是否支付工程变更产生的相关费用;第二种情况只考虑争议的原告方是承包人,被告方是发包人;第三种情况只考虑承包人向发包人主张价款方面的争议;第四种情况只考虑承包人向发包人主张工期方面的争议。

1) 输入数据是第一种情况下,神经网络分为未经预处理 BP 网络、经过预处理后的 BP 网络和概率神经网络的仿真。

构建 BP 神经网络,参数设置如下:网络分为输入层、隐含层和输出层,隐含层中神经元个数为 30,输入层到隐含层的传递函数为 purelin,隐含层到输出层的传递函数为 logsig,训练函数为 LM 算法,神经网络结构图见图 7-7。构建概率神经网络,其唯一可调参数为平滑因子 spread,设置为 1。

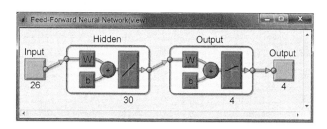

图 7-7　训练生成的 BP 神经网络图

表 7-2 给出了三种情形下的混淆矩阵,其中表 7-2(a)表示利用经预处理的原始样本数据得到的 BP 神经网络分类器的性能,表 7-2(b)表示利用未经过预处理的样本数据得到的 BP 神经网络分类器性能,表 7-2(c)表示利用未经预处理的原始样本数据得到的概率神经网络分类器的性能。图 7-8 给出了两种情形下的 ROC 曲线,而相应的 AUC 见表 7-3。

表 7-2　4 分类 BP 混淆矩阵

(a)　输入为预处理数据,在原输入数据上的 4 分类 BP 混淆矩阵

		预测类				总计
		发包人胜诉	发包人败诉	承包人胜诉	承包人败诉	
真实类	发包人胜诉	19	1	0	0	20
	发包人败诉	0	21	0	0	21

		预测类				总计
		发包人胜诉	发包人败诉	承包人胜诉	承包人败诉	
真实类	承包人胜诉	0	0	78	14	92
	承包人败诉	0	0	5	105	110
	总计	19	22	83	119	243

(b) 输入为未处理数据,在原输入数据上的 4 分类 BP 混淆矩阵

		预测类				总计
		发包人胜诉	发包人败诉	承包人胜诉	承包人败诉	
真实类	发包人胜诉	18	2	0	0	20
	发包人败诉	3	17	0	1	21
	承包人胜诉	0	0	87	5	92
	承包人败诉	0	0	25	85	110
	总计	21	19	112	91	243

(c) 输入为未处理数据,在原输入数据上的 4 分类概率神经网络混淆矩阵

		预测类				总计
		发包人胜诉	发包人败诉	承包人胜诉	承包人败诉	
真实类	发包人胜诉	19	1	0	0	20
	发包人败诉	0	21	0	0	21
	承包人胜诉	0	0	79	13	92
	承包人败诉	0	0	4	106	110
	总计	19	22	83	119	243

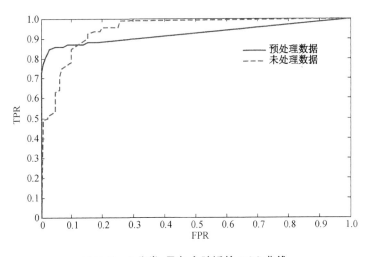

图 7-8　4 分类,承包人胜诉的 ROC 曲线

三种神经网络的分类性能指标比较见表 7-3。

表 7-3　4 分类输入数据神经网络分类器性能指标表

性能指标	预处理数据 BP 分类器				未处理数据 BP 分类器				概率神经网络分类器			
	发包人胜诉	发包人败诉	承包人胜诉	承包人败诉	发包人胜诉	发包人败诉	承包人胜诉	承包人败诉	发包人胜诉	发包人败诉	承包人胜诉	承包人败诉
TPR	0.95	1	0.85	0.95	0.90	0.81	0.94	0.77	0.95	1	0.86	0.96
FPR	0.00	0.004	0.033	0.11	0.13	0.009	0.16	0.045	0.00	0.004	0.026	0.098
Precision	1	0.95	0.94	0.88	0.73	0.89	0.78	0.93	1	0.95	0.95	0.89
正确率	91.8%				85.2%				92.6%			
AUC-承包人胜诉	0.925				0.944				—			
AUC-承包人败诉	0.974				0.950				—			

从表 7-3 以及图 7-8 中可以得出以下结论：

① 对比表 7-2(a)和 7-2(b)发现，预处理数据的 BP 分类器在区分承包人主张权利和发包人主张权利上要优于未处理数据的 BP 分类器，后者出现了将发包人败诉的案例误判为承包人败诉。对比表 7-2(a)和 7-2(c)发现，预处理数据的 BP 分类器性能和概率神经网分类器性能几乎相同。

② 表 7-3 中可以看到，预处理数据的 BP 分类器在发包人胜诉、发包人败诉案例上的预测性能比未处理数据 BP 分类器要好，而在承包人败诉案例上的 Precision 低于未处理数据 BP 分类器，前者整体的预测正确率要优于后者。

③ 图 7-8 中可以看到，承包人胜诉类的 ROC 曲线相交，在交点之后，未处理数据 BP 分类器的 ROC 性能优于预处理数据分类器，交点之前则相反。

2）输入数据是第二种情况下，神经网络分为未经预处理 BP 网络、经过预处理后的 BP 网络和概率神经网络的仿真。

设定交叉确认 $k=10$，表 7-4 给出了三种情形下的混淆矩阵，其中表 7-4(a)表示利用经预处理的原始样本数据得到的 BP 神经网络分类器的性能，表 7-4(b)表示利用未经过预处理的样本数据得到的 BP 神经网络分类器性能，表 7-4(c)表示利用未经预处理的原始样本数据得到的概率神经网络分类器的性能。图 7-9 给出了两种情形下的 ROC 曲线，而相应的 AUC 见表 7-5。

表 7-4　2 分类 BP 混淆矩阵

（a）　输入为预处理数据，在原输入数据上的 2 分类 BP 混淆矩阵

		预测类		总计
		承包人胜诉	承包人败诉	
真实类	承包人胜诉	79	13	92
	承包人败诉	5	105	110
	总计	84	118	202

(b) 输入为未处理数据,在原输入数据上的 2 分类 BP 混淆矩阵

		预测类		总计
		承包人胜诉	承包人败诉	
真实类	承包人胜诉	82	10	92
	承包人败诉	28	82	110
	总计	110	92	202

(c) 2 分类概率神经网络混淆矩阵

		预测类		总计
		承包人胜诉	承包人败诉	
真实类	承包人胜诉	79	13	92
	承包人败诉	4	106	110
	总计	83	119	202

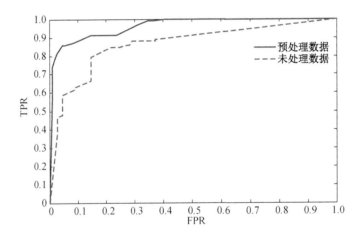

图 7-9　2 分类,承包人胜诉的 ROC 曲线

表 7-5　2 分类输入数据神经网络分类器性能指标表

性能指标	预处理数据 BP 分类器		未处理数据 BP 分类器		概率神经网络分类器	
	承包人胜诉	承包人败诉	承包人胜诉	承包人败诉	承包人胜诉	承包人败诉
TPR	0.86	0.90	0.89	0.74	0.86	0.96
FPR	0.045	0.18	0.25	0.11	0.036	0.14
Precision	0.94	0.85	0.74	0.89	0.95	0.89
正确率	91.1%		81.1%		91.6%	
AUC-承包人胜诉	0.96		0.86		—	
AUC-承包人败诉	0.97		0.90		—	

从表 7-5 以及图 7-9 中可以得出以下结论：

① 预处理数据 BP 分类器的性能要略优于未处理数据 BP 分类器,前者的 ROC 曲线性能也优于后者,可见预处理数据可以减少不确定性带来的影响。

② BP 神经网络可以较好地处理非线性关系的数据,其性能与概率神经网络分类器十分接近。

③ 比较表 7-5 和表 7-3 可以发现,三种分类器在两种情况下对于承包人主张权利的案例结果预测性能十分接近,保持了较好的一致性。

④ 尽管数据中存在不确定性,然而几个重要属性的不确定性比较少,导致了未处理数据 BP 分类器的性能未受到很大影响。

3）输入数据是第三种情况下,神经网络分为未经预处理 BP 网络、经过预处理后的 BP 网络和概率神经网络的仿真。

表 7-6 工期延迟争议的神经网络分类器性能指标表

性能指标	预处理数据 BP 分类器		未处理数据 BP 分类器		概率神经网络分类器	
	承包人胜诉	承包人败诉	承包人胜诉	承包人败诉	承包人胜诉	承包人败诉
TPR	0.78	0.91	0.81	0.57	0.78	0.91
FPR	0.086	0.22	0.43	0.18	0.086	0.22
Precision	0.875	0.84	0.59	0.8	0.875	0.84
正确率	85.5%		67.7%		85.5%	
AUC-承包人胜诉	0.933		0.802		—	
AUC-承包人败诉	0.928		0.77		—	

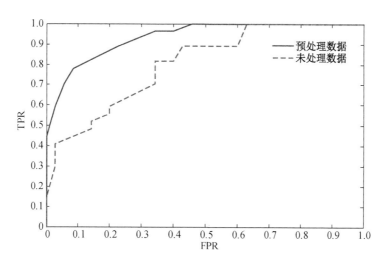

图 7-10 承包人主张工程延迟争议时承包人胜诉的 ROC 曲线

从表 7-6 以及图 7-10 中可以得出以下结论：

① 对于工期延迟争议,预处理数据 BP 分类器的性能要明显优于未处理数据 BP 分类器,前者的 ROC 曲线性能也优于后者。

② 预处理数据 BP 分类器的性能与概率神经网络分类器相似。

③ 比较表 7-6 和表 7-5 可以发现,工期延迟争议案例的分类预测性能要明显劣于 2 分类输入案例,这主要是由于工期延迟争议案例的不确定度比较大而导致的。

④ 从表 7-6 中可以看出,预处理 BP 分类器在承包人败诉类上的分类性能优于未处理数据 BP 分类器,而未处理数据 BP 分类器在承包人胜诉类上的 TPR 性能略优于预处理数据 BP 分类器,其他指标低于预处理数据的 BP 分类器。

4)输入数据是第四种情况下,神经网络分为未经预处理 BP 网络、经过预处理后的 BP 网络和概率神经网络的仿真。

表 7-7 工程价款变更争议的神经网络分类器性能指标表

性能指标	预处理数据 BP 分类器		未处理数据 BP 分类器		概率神经网络分类器	
	承包人胜诉	承包人败诉	承包人胜诉	承包人败诉	承包人胜诉	承包人败诉
TPR	0.91	0.92	0.69	0.95	0.89	0.99
FPR	0.08	0.092	0.053	0.31	0.013	0.11
Precision	0.91	0.84	0.92	0.78	0.98	0.91
正确率	91.4%		82.8%		94.3%	
AUC-承包人胜诉	0.933		0.802		—	
AUC-承包人败诉	0.928		0.77		—	

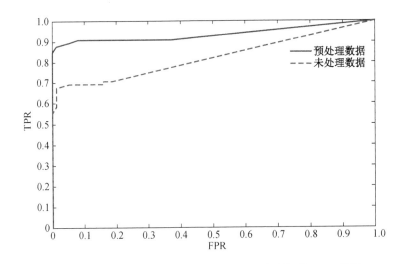

图 7-11 承包人主张工程价款争议时承包人胜诉的 ROC 曲线

从表 7-7 以及图 7-11 中可以得出以下结论:

① 对于工程价款变更争议,预处理数据 BP 分类器的性能要优于未处理数据 BP 分类器,前者的 ROC 曲线性能也优于后者。

② 对于工程价款变更争议,在三种神经网络分类器之中,概率神经网络分类器的性能最优,其次是预处理数据 BP 分类器,最后是未处理数据 BP 分类器。

③ 比较表 7-7 和表 7-6 可以发现,工期延迟争议案例的分类预测性能要明显劣于工程价

款变更争议,这主要是由于工期延迟争议案例的不确定度比较大而导致的。

④ 从表7-7中可以看出,概率神经网络分类器在承包人胜诉类上的 TPR 性能低于承包人败诉类上的,FPR 性能优于承包人败诉类上的,Precision 优于承包人败诉类上的,而未处理数据 BP 分类器相同。预处理 BP 分类器在两种类型上的分类性能相似。

7.6　本章小结

本章研究了神经网络在工程争议判决结果预测上的应用,对比了 BP 神经网络和概率神经网络的性能,针对样本案例的模糊特性调整了网络的输入输出的设计。最后通过对输入样本集的预测,得到以下结论:

(1) 通过数据预处理,可以提高 BP 神经网络的预测正确率。

(2) 概率神经网络的预测正确率要优于 BP 神经网络。

(3) 不同类标号上的分类算法的性能不同。

第八章 基于贝叶斯分类器的 工程争议结果预测

8.1 概述

贝叶斯网起源于 20 世纪 80 年代中期对人工智能中的不确定性问题的研究,现已成为人工智能的一个重要领域[125]。贝叶斯分类器是贝叶斯网在数据挖掘领域中的应用,通过训练样本集学习归纳出分类器参数,再利用分类器对未知类属性的样本进行分类。贝叶斯分类器可以预测类成员关系的可能性,如给定样本属于一个特定类的概率[86]。由于其正确率较高而算法简单,因此在人工智能领域内成为研究热点之一。工程争议的判决结果预测具有不确定性,而贝叶斯分类器可以解决这种不确定性带来的问题,同时,其分类结果以图形的方式显示给使用者,形式简单,易于解释。

本章利用贝叶斯分类器预测工程变更争议的判决结果,主要考虑了三种分类器:朴素贝叶斯分类器、TAN 分类器和贝叶斯网络分类器[186]。其中朴素贝叶斯分类器的算法简单,但无法解决属性之间相关性的影响。贝叶斯网络分类器需要大量的训练样本集用以保证结构学习的正确性。而 TAN 分类器事先对网络结构做出了假设,因此可以节省结构学习的时间,同时尽量减少属性之间的相关问题。

8.2 朴素贝叶斯分类器

8.2.1 贝叶斯定理

设 X 是数据元组,也被称为证据,有 K 个属性描述,其中不包括分类属性。H 为假设"X 属于特定类 C_i"。在考虑证据之前,对于假设 H 的概率估计 $P(H)$ 被称为先验概率。而在考虑证据之后,对 H 的概率估计 $P(H|X)$ 被称为后验概率。分类问题被看作求 $P(H|X)$ 的值,即给定证据,假设 H 成立的概率。

贝叶斯定理描述了先验概率和后验概率之间的关系:

$$P(H|X) = \frac{P(X|H)P(H)}{P(X)} \tag{8-1}$$

在该定理中,$P(X|H)$ 被称为 H 的似然度,有时也记作 $L(H|X)$。贝叶斯定理之所以有用是因为似然度往往容易获得,而后验概率则不然[125]。

8.2.2 朴素贝叶斯分类

设 D 是训练样本集,每个样本用一个 K 维属性向量表示 $\mathbf{A} = \{a_{1s_1}, a_{2s_2}, \cdots, a_{Ks_K}\}$ 表示,描述由 K 个属性 $A_1, \cdots, A_K$ 对样本的 K 个测量。C 是类变量,取值范围 $\{C_1, \cdots, C_m\}$。贝叶斯分类算法即是求

$$C^* = \underset{C_i \in \{C_1, \cdots, C_m\}}{\mathrm{argmax}} \ P(C_i \,|\, A) \tag{8-2}$$

根据式(8-1)有

$$C^* = \underset{C_i \in \{C_1, \cdots, C_m\}}{\mathrm{argmax}} \ \frac{P(A\,|\,C_i) P(C_i)}{P(A)} \tag{8-3}$$

由于 $P(A)$ 对于所有类为常数,因此(8-3)等价于 $C^* = \underset{C_i \in \{C_1, \cdots, C_m\}}{\mathrm{argmax}} \ P(A\,|\,C_i) P(C_i)$。再假设类的取值概率相等,(8-3)进一步转化为 $C^* = \underset{C_i \in \{C_1, \cdots, C_m\}}{\mathrm{argmax}} \ P(A\,|\,C_i)$。为了降低计算 $P(A\,|\,C_i)$ 的复杂度,做出类条件独立的假定。给定类标号,假定属性取值相互独立,有

$$P(A\,|\,C_i) = \prod_{r=1}^{K} P(a_{rs_r}\,|\,C_i)$$

而 $P(a_{rs_r}\,|\,C_i)$ 可以很容易地由训练样本集估计得到。当 A_i 是分类属性时,$P(a_{rs_r}\,|\,C_i)$ 是 D 中属性 A_i 的值为 a_{rs_r} 的 C_i 类的元组个数除以 D 中 C_i 类的元组数。

朴素贝叶斯分类器假定了类条件独立,简化了计算。然而实践中,属性之间可能存在依赖性,此时朴素贝叶斯分类器的性能将会下降,为了满足属性相关性的条件,研究人员提出了贝叶斯分类器。

8.3 贝叶斯分类器

8.3.1 贝叶斯网络的概念

定义 1 K 个随机变量的联合概率分布 $P(A_1, A_2, \cdots, A_K)$ 可以表示为

$$P(A_1, A_2, \cdots, A_K) = P(A_1) P(A_2\,|\,A_1) \cdots P(A_K\,|\,A_1, \cdots, A_{K-1}) \tag{8-4}$$

这种将联合概率分布分解为一系列条件概率分布的乘积被称为链式规则。

定义 2 考虑 3 个随机变量 X, Y, Z,X 和 Y 在给定 Z 时相互独立当且仅当下式成立:

$$P(X, Y\,|\,Z) = P(X\,|\,Z) P(Y\,|\,Z)$$

贝叶斯网络由两个成分定义:有向无环图和条件概率表。有向无环图的节点代表随机变量 $X_1, \cdots, X_n$,节点间的边代表变量之间的直接依赖关系。如果一条弧由节点 Y 到节点 Z,则 Y 是 Z 的父节点。变量 Z 的条件概率表说明条件分布 $P(Z\,|\,Parents(Z))$,其中 $Parents(Z)$ 是 Z 的所有父节点。给定变量的父节点,每个变量都条件地独立于网络图中它的非后代。一个贝叶斯网络定义了变量 $X_1, \cdots, X_n$ 的联合概率分布[126]:

$$P(X_1, \cdots, X_n) = \prod_{i=1}^{n} P(X_i \mid Parents(X_i)) \tag{8-5}$$

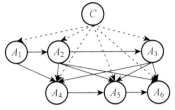

图 8-1 贝叶斯分类器示意图

将贝叶斯网络用于分类预测中，令 $U^* = \{A_1, A_2, \cdots, A_K, C\}$，其中 $A_1, A_2, \cdots, A_K$ 代表训练样本集的属性，C 是分类属性。C 是网络的根节点，$Parents(C) = \varnothing$，属性节点之间有依赖关系，如图 8-1 所示。根据式(8-3)，在贝叶斯网络已知，对于给定样本属性值的条件下，预测样本属于 C^* 类，C^* 满足：

$$\begin{aligned} C^* &= \underset{C_i \in \langle C_1, \cdots, C_m \rangle}{\operatorname{argmax}} P(A, C_i) \\ &= \underset{C_i \in \langle C_1, \cdots, C_m \rangle}{\operatorname{argmax}} P(C_i) \times \prod_{m=1}^{K} P(A_m \mid Parents(A_m)) \end{aligned} \tag{8-6}$$

要利用贝叶斯网络进行结果预测，首先需要构造贝叶斯网络，即从训练样本集出发，找到一个相对于数据在某种意义下最优的贝叶斯网络。这分为两种情况：一是当模型结构已知时，贝叶斯网学习简称为参数学习；二是当模型结构未知时，被称为结构学习。

8.3.2 贝叶斯分类器参数学习

考虑由 n 个变量 $X_1, \cdots, X_n$ 组成的贝叶斯网络，网络结构已知，节点 X_i 共有 S_i 个取值 $x_{i1}, \cdots, x_{iS_i}$，其父节点 $Parents(X_i)$ 的取值共有 Q_i 个组合 $p_{i1}, \cdots, p_{iQ_i}$。则网络参数为

$$\theta_{ijk} = P(X_i = x_{is_k} \mid Parents(X_i) = p_{jq_j})$$

根据概率分布特性，有 $\sum_{k=1}^{S_i} \theta_{ijk} = 1$。用 θ 记作所有 θ_{ijk} 组成的向量。

设 $\mathcal{D} = (D_1, \cdots, D_m)$ 是一组训练样本数据，满足独立同分布假设，θ 的对数似然函数为

$$l(\theta \mid \mathcal{D}) = \log \prod_{l=1}^{m} P(D_l \mid \theta) \tag{8-7}$$

参数 θ 的最大似然估计 θ^* 满足：

$$\begin{aligned} \theta^* &= \underset{\theta}{\operatorname{argmax}} \, l(\theta \mid \mathcal{D}) \\ &\text{s. t.} \sum_{k=1}^{S_i} \theta_{ijk} = 1 \end{aligned} \tag{8-8}$$

定义 D_l 的特征函数：

$$\chi(i, j, k; D_l) = \begin{cases} 1, & \text{若 } D_l \text{ 中 } X_i = x_{is_k} \text{ 且 } Parents(X_i) = p_{jq_j} \\ 0, & \text{其他} \end{cases}$$

以及 $m_{ijk} = \sum_{l=1}^{m} \chi(i, j, k; D_l)$。于是

$$l(\theta|\mathcal{D}) = \sum_{l=1}^{m} \log P(D_l|\theta) = \sum_{l=1}^{m} \sum_{i=1}^{n} \sum_{j=1}^{Q_i} \sum_{k=1}^{S_i} \chi(i,j,k;D_l) \log \theta_{ijk}$$

$$= \sum_{i=1}^{n} \sum_{j=1}^{Q_i} \sum_{k=1}^{S_i} m_{ijk} \log \theta_{ijk}$$

利用拉格朗日乘数法,有

$$\begin{cases} \dfrac{\partial l(\theta|\mathcal{D})}{\partial \theta_{ijk}} + \lambda \left(\sum_{k=1}^{S_i} \theta_{ijk} - 1 \right) = 0 \\ \sum_{k=1}^{S_i} \theta_{ijk} - 1 = 0 \end{cases}$$

解该方程组,可得

$$\theta_{ijk}^* = \begin{cases} \dfrac{m_{ijk}}{\sum\limits_{k=1}^{S_i} m_{ijk}}, & \text{若} \sum\limits_{k=1}^{S_i} m_{ijk} \neq 0 \\ 1/S_i, & \text{其他} \end{cases}$$

8.3.3　贝叶斯分类器结构学习

参数学习建立在贝叶斯网络结构已知的基础上,而贝叶斯网络的结构构造主要有两种方法:一种是由专家手工构造,另一种是通过数据分析得到。下面将介绍第二种结构学习的方法。

考虑由 n 个变量 $X_1, \cdots, X_n$ 组成的贝叶斯网络, $\mathcal{D} = (D_1, \cdots, D_m)$ 是一组训练样本数据, $\mathcal{G}$ 表示贝叶斯网络的结构。 $\mathcal{G}$ 与相应的参数集合 $\theta_{\mathcal{G}}$ 组成贝叶斯网 $(\mathcal{G}, \theta_{\mathcal{G}})$。在结构学习中, $\mathcal{G}$ 和网络参数 $\theta_{\mathcal{G}}$ 都是需要确定的对象,而相对于数据 $\mathcal{D}$ 最优的 $(\mathcal{G}^*, \theta_{\mathcal{G}}^*)$ 满足

$$(\mathcal{G}^*, \theta_{\mathcal{G}}^*) = \operatorname*{argmax}_{\mathcal{G}, \theta_{\mathcal{G}}} l(\mathcal{G}, \theta_{\mathcal{G}}|\mathcal{D}) \tag{8-9}$$

将式(8-9)优化化简为 $\mathcal{G}^* = \operatorname*{argmax}_{\mathcal{G}} P(\mathcal{G}|\mathcal{D})$,而选择后验概率最大的结构 $\mathcal{G}^*$ 等价于选择使函数 $\log P(\mathcal{G}|\mathcal{D})$ 最大的结构。又因为 $P(\mathcal{G}, \mathcal{D}) = \log P(\mathcal{D}|\mathcal{G}) + \log P(\mathcal{G})$,而 $P(\mathcal{G})$ 假设是均匀分布,所以 $\mathcal{G}^*$ 等价于选择使 $P(\mathcal{D}|\mathcal{G})$ 最大的结构。文献[125]给出了 $P(\mathcal{D}|\mathcal{G})$ 满足

$$P(\mathcal{D}|\mathcal{G}) = \prod_{i=1}^{n} \prod_{j=1}^{Q_i} \frac{\Gamma(\alpha_{ij*})}{\Gamma(\alpha_{ij*} + m_{ij*})} \prod_{k=1}^{S_i} \frac{\Gamma(\alpha_{ijk} + m_{ijk})}{\Gamma(\alpha_{ijk})} \tag{8-10}$$

其中,参数先验分布满足 $p(\theta_{\mathcal{G}}|\mathcal{G}) \propto \prod_{i=1}^{n} \prod_{j=1}^{Q_i} \prod_{k=1}^{S_i} \theta_{ijk}^{\alpha_{ijk}-1}$, $m_{ij*} = \sum_{k=1}^{S_i} m_{ijk}$, $\alpha_{ij*} = \sum_{k=1}^{S_i} \alpha_{ijk}$。

式(8-10)两边取对数之后,等式右边的量称为结构 $\mathcal{G}$ 的 Cooper-Herskovits 评分:

$$l(\mathcal{G}|\mathcal{D}) = \sum_{i=1}^{n} \sum_{j=1}^{Q_i} \left[\log \frac{\Gamma(\alpha_{ij*})}{\Gamma(\alpha_{ij*} + m_{ij*})} + \sum_{k=1}^{S_i} \frac{\Gamma(\alpha_{ijk} + m_{ijk})}{\Gamma(\alpha_{ijk})} \right] \tag{8-11}$$

由于 CH 评分使用前需要选定 α_{ijk},这意味着对每一个可能结构都提供参数先验分布,工作量较大。

运用拉普拉斯近似方法,对 $P(\mathcal{D}|\mathcal{G})$ 进行大样本近似,可以推导出 BIC 评分函数,函数如下[187-188]:

$$\log P(\mathcal{D}|\mathcal{G}) = \log P(\mathcal{D}|\mathcal{G}, \theta^*) - \sum_{i=1}^{n} Q_i(S_i - 1)/2 \times \log m$$

$$= \sum_{i=1}^{n} \sum_{j=1}^{Q_i} \sum_{k=1}^{S_i} m_{ijk} \log \frac{m_{ijk}}{m_{ij*}} - \sum_{i=1}^{n} \frac{Q_i(S_i - 1)}{2} \log m$$

另外一个评价贝叶斯网络结构的评分函数是基于 Akaike 信息准则的 AIC 评分,函数如下[189-190]:

$$\log P(\mathcal{D}|\mathcal{G}) = \sum_{i=1}^{n} \sum_{j=1}^{Q_i} \sum_{k=1}^{S_i} m_{ijk} \log \frac{m_{ijk}}{m_{ij*}} - \sum_{i=1}^{n} Q_i(S_i - 1)$$

评分函数选定后,就要找出使得评分函数值最高的网络结构。最直接的方法是穷举法,对每个候选结构评分,再求出最大值。尽管结果最优,但效率很低。为了提高搜索效率,采用启发式算法。

将式(8-11)中的 CH 评分视为 n 项之和,即

$$l(\mathcal{G}|\mathcal{D}) = \sum_{i=1}^{n} CH(\langle X_i, Parents(X_i)\rangle|D)$$

其中,$\langle X_i, Parents(X_i)\rangle$ 表示变量 X_i 和其父节点一起构成的局部结构。将评分函数分解之后,可以简化最优模型搜索的计算[125]。

K2 算法[191]的目的是在一定条件下寻找 CH 评分最高的模型。算法用变量排序 ρ 和正整数 u 限制搜索空间,贝叶斯网络结构满足条件:

(1) $\mathcal{G}$ 中任一变量的父节点个数不超过 u。

(2) ρ 是 $\mathcal{G}$ 的拓扑序。

同时,算法假设参数先验分布为均匀分布,即式(8-10)中,$\alpha_{ijk} = 1$,$\alpha_{ij*} = 1$。

K2 算法在搜索过程中逐个考察 ρ 中的变量,确定其父节点。对某一变量 X_j,从 ρ 中选出排在 X_j 之前的变量 X_i,且满足 $V_{new\_i} = \max CH(\langle X_j, Parents(X_j)\bigcup\{X_i\}\rangle|\mathcal{D})$。如果 $V_{new\_i} > V_{dd} = CH(\langle X_j, Parents(X_j)\rangle|\mathcal{D})$,则 X_i 添加为 X_j 的父节点。

爬山法的目标是找出评分最高的模型。算法从初始模型出发开始搜索,在搜索的每一步,用搜索算子对当前模型进行修改,如加边、减边和转边,计算候选模型的评分,找出其中最优候选模型,以此为下一个当前模型,继续搜索。

爬山法有可能陷入局部最优而找不到全局最优解,为了克服这一缺点,可以每次都从一个随机产生的新结构开始,被称为随机重复爬山法,也可以与其他启发式搜索算法相结合,如禁忌搜索和遗传算法。

另一类贝叶斯网络结构学习方法是基于相关性分析的方法。下面先介绍算法的基础概念 D-分离。给定一个有向无环图,节点 A,B,C 是三个集合,考虑图中 A 和 B 之间的路径,对于其中的一条路径,如果满足以下两个条件中的任意一条,则被称为阻塞的(block):

(1) 路径中存在某个节点 X 是 head-to-tail 或者 tail-to-tail 节点,并且 X 包含在 C 中。

(2) 路径中存在某个节点 X 是 head-to-head 节点,并且 X 或者 X 的子节点都不包含在 C 中。

如果 A 和 B 之间所有路径都被 C 阻塞,则 A 和 B 被 C D-分离。定义"head-to-tail""tail-to-tail"和"head-to-head"如图 8-2 所示。

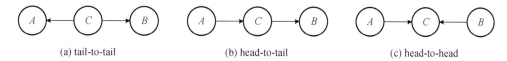

(a) tail-to-tail　　　　　(b) head-to-tail　　　　　(c) head-to-head

图 8-2　路径模式

定义两个节点的互信息(MI)和条件互信息(CMI)为

$$I(X, Y) = \sum_{x, y} P(x, y) \log \frac{P(x, y)}{P(x)P(y)}$$

$$I(X, Y | C) = \sum_{x, y, c} P(x, y, c) \log \frac{P(x, y | c)}{P(x | c)P(y | c)}$$

Cheng J. 等的算法是在 MI 和 CMI 的基础上构建贝叶斯网络,算法分为三个阶段:描绘、加厚和变薄,在已知结点顺序的条件下,算法如下[192]:

阶段一:

(1) 初始化图 $G(V, E)$,以及列表 L。

(2) 对每个节点对 V_i, V_j 计算 MI,将节点对按照 MI 从大到小的顺序依次存入列表 L 中。

(3) 指针 P_0 指向 L 中第一对节点。

(4) 如果 P_0 所指的节点对之间没有路径,将相应的边加入 E,将节点对从 L 中删除。(边的方向被节点的拓扑序决定。)

(5) 将 P_0 移到下一个节点对,重复(4),直到 P_0 指向空节点对或者 G 包括了 $n-1$ 条边。

阶段二:

(6) 将 P_0 再次指向 L 中的第一对节点。

(7) 如果 P_0 指向为空,则跳到(10),否则,继续下一步。

(8) 设 P_0 指向的节点对是 (V_i, V_j),找到 V_i, V_j 之间的最小割集 C,C 将 V_i 和 V_j D-分离。计算 CMI,如果 CMI 大于某阈值,在 E 中 V_i 和 V_j 连接起来,否则执行下一步。

(9) 将 P_0 移到下一个节点对,执行(7)。

阶段三:

(10) 对于 E 中每一条边 (V_i, V_j),如果节点之间的路径不止这一条边,则暂时从 E 中移除这条边,得到图 G'。在 G' 中,找到 V_i, V_j 之间的最小割集 C,计算 CMI,测试两个节点是否条件独立。如果是,则永久删除这条边;如果不是,继续下一条边。

以上算法中的节点顺序定义了贝叶斯网络中节点的因果或时间顺序,在顺序中排在后的节点不可能是排在前的节点的原因。节点顺序可以看作是领域知识,是在构建贝叶斯网络之前的知识。

Cheng J. 等还给出了在节点顺序未知条件下的贝叶斯网络构建算法,具体算法可参见文献[192]。算法依然分为三个阶段:

第一阶段与已知节点顺序的第一阶段相同。

(1) 初始化图 $G(V, E)$,以及列表 L。

(2) 对每个节点对 V_i, V_j 计算 MI,将节点对按照 MI 从大到小的顺序依次存入列表 L 中。

(3) 指针 P_0 指向 L 中第一对节点。

（4）如果 P_0 所指的节点对之间没有路径，将相应的边加入 E，将节点对从 L 中删除。（边的方向被节点的拓扑序决定。）

（5）将 P_0 移到下一个节点对，重复（4），直到 P_0 指向空节点对或者 G 包括了 $n-1$ 条边。

第二阶段：

（6）将 P_0 再次指向 L 中的第一对节点。

（7）如果 P_0 指向为空，则跳到（10），否则，继续下一步。

（8）设 P_0 指向的节点对是 $(V_i，V_j)$，调用方法 try_to_separate_A 判断节点对是否可以被划分开。如果可以，继续下一步，如果不可以，在 E 中 V_i 和 V_j 连接起来。

（9）将 P_0 移到下一个节点对，执行（7）。

第三阶段：

（10）对于 E 中每一条边 $(V_i，V_j)$，如果节点之间的路径不止这一条边，则暂时从 E 中移除这条边，得到图 G'。在 G' 中，调用方法 try_to_separate_A $(V_i，V_j)$ 判断节点对是否可以被划分开，如果不可以，则将边加回至 E，否则永久删除边。

（11）对于 E 中每一条边 $(V_i，V_j)$，如果节点之间的路径不止这一条边，则暂时从 E 中移除这条边，得到图 G'。在 G' 中，调用方法 try_to_separate_B $(V_i，V_j)$ 判断节点对是否可以被划分开，如果不可以，则将边加回至 E，否则永久删除边。

（12）调用方法 orient_edges，给无向图赋方向。

方法说明如下。

方法：try_to_separate_A：

1）找到节点 V_i 和节点 V_j 的无向路径上的相邻节点，将之分别放入集合 $N1$ 和 $N2$ 中。

2）将节点 V_i 的子节点从 $N1$ 中删除，将节点 V_j 的子节点从 $N2$ 中删除。

3）如果 $N1$ 的势大于等于 $N2$，将 $N1$ 和 $N2$ 交换。

4）使用 $N1$ 作为条件集合 C。

5）计算 CMI，如果小于某阈值，则节点对为可划分。

6）如果 C 只包括一个节点，转至 8），否则，对每个 i，令 $C_i = C \setminus \{ith \text{ node in } C\}$，计算 CMI_i，求出 CMI_i 的最小值 CMI_m。

7）如果最小的 CMI 小于某阈值，则节点对为可划分，否则，如果 $CMI_m > CMI$，继续执行 8），如果 $CMI_m \leqslant CMI$，令 $CMI = CMI_m$，$C = C_m$，执行 6）。

8）如果 $N2$ 未被使用，使用 $N2$ 为 C，执行 5）。

方法 try_to_separate_B $(V_i，V_j)$：

1）找到节点 V_i 和节点 V_j 的无向路径上的相邻节点，将之分别放入集合 $N1$ 和 $N2$ 中。

2）找到 $N1$ 中节点的在 V_i 和 V_j 的无向路径上而又不属于 $N1$ 的邻节点，放入集合 $N1'$。

3）找到 $N2$ 中节点的在 V_i 和 V_j 的无向路径上而又不属于 $N2$ 的邻节点，放入集合 $N2'$。

4）如果 $|N1 \bigcup N1'| < |N2 \bigcup N2'|$，令集合 $C = N1 \bigcup N1'$，否则 $C = N2 \bigcup N2'$。

5）计算 CMI，如果 CMI 小于某阈值，则节点对为可划分，否则，如果 C 只有一个节点，返回。

6）令 $C' = C$。对于每个 i，令 $C_i = C \setminus \{ith \text{ node in } C\}$，计算 CMI_i。如果 CMI_i 小于某个阈值，则节点对为可划分，否则，如果 $CMI_i \leqslant CMI + e$，则令 $C'_i = C' \setminus \{ith \text{ node in } C\}$。

7）如果 $|C'| < |C|$，则令 $C = C'$，继续执行 5），否则返回。

方法 orient_edges：

1）对于图中任意两个没有直接相连的节点 s_1 和 s_2，且 s_1 和 s_2 至少共同拥有一个邻节点，分别找到 s_1 和 s_2 的在无向路径上的邻接点，放入集合 $N1$ 和 $N2$ 中。

2）找到 $N1$ 中节点的在 V_i 和 V_j 的无向路径上而又不属于 $N1$ 的邻节点，放入集合 $N1'$。

3）找到 $N2$ 中节点的在 V_i 和 V_j 的无向路径上而又不属于 $N2$ 的邻节点，放入集合 $N2'$。

4）如果 $|N1 \bigcup N1'| < |N2 \bigcup N2'|$，令集合 $C = N1 \bigcup N1'$，否则 $C = N2 \bigcup N2'$。

5）计算 CMI，如果 CMI 小于某阈值，执行 8），否则，如果 C 只有一个节点，令 s_1 和 s_2 为 C 中节点的父节点，执行 8）。

6）令 $C' = C$。对于每个 i，令 $C_i = C \backslash \{ith\ \text{node in } C\}$，计算 CMI_i。如果 $CMI_i \leqslant CMI + e$，则 $C'_i = C' \backslash \{ith\ \text{node in } C\}$，如果 C 中第 i 个节点是 s_1 和 s_2 共同的邻节点，则令 s_1 和 s_2 为 C 中第 i 个节点的父节点。如果 CMI_i 小于某个阈值，则执行 8）。

7）如果 $|C'| < |C|$，则令 $C = C'$，如果 $|C| > 0$，执行 5）。

8）返回 1），重复直至所有节点对都被执行过。

9）对所有的三个节点 a，b，c，如果 a 是 b 的父节点，b 和 c 是邻接节点，a 和 c 不是邻接节点，边 (b, c) 没有方向，则 b 是 c 的父节点。

10）任意无向边 (a, b)，如果有从 a 到 b 的直接路径，则 a 是 b 的父节点。

11）执行 9），直到所有边都有方向。

对比已知节点顺序和未知节点顺序的网络结构学习算法可发现，节点之间的排序是否已知对算法的复杂度以及准确度有很大影响。

Cheng J. 总结了关于贝叶斯网络的 7 种领域知识[192]，包括：

（1）定义节点是网络的根节点。

（2）定义节点是网络的叶节点。

（3）定义节点是另一个节点的直接原因或直接结果。

（4）定义节点与另一个节点没有直接关联。

（5）定义两个节点在给定条件节点集合下独立。

（6）提供部分节点顺序。

（7）提供完整节点顺序。

而其中，前 4 种知识对于提高算法的性能和正确率有较大作用。

8.4 TAN 分类器

TAN 分类器假设在给定类变量时，属性变量之间具有线性依赖关系，每一个属性节点的父节点集合中除类标号节点之外至多只能有一个属性父节点，如图 8-3 所示[131]。TAN 分类器的属性节点构成一棵树。

Chow-Liu 算法用于构造树状贝叶斯网，将最大似然树的构造化简为最大加权树，算法的主要步骤如下：

（1）根据训练集数据计算属性对 X_i，X_j 之间的条件互信息：

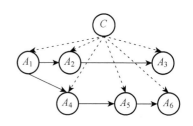

图 8-3 TAN 分类器示意图

$$I(X_i, X_j \mid C) = \sum_{x_i, x_j, c} P(x_i, x_j, c) \times \log \frac{P(x_i, x_j \mid c)}{P(x_i \mid c)P(x_j \mid c)}$$

其中，x_i，x_j 分别是 X_i，X_j 的所有取值的一种组合。

（2）构建无向图，其节点对应于属性 X_1，…，X_n，任意两个节点 X_i，X_j 之间的边的权重为 $I(X_i, X_j \mid C)$。

（3）由（2）中的完全无向图构造一个最大权重生成树。

（4）通过选择根变量，设定所有边的方向由根变量引出，将结果生成的无向树转换为有向树。

（5）增加类节点到所有属性节点的有向边。

（6）学习贝叶斯网络参数。

在（3）中需要构建最大权重生成树，可以用 Kruskal 算法实现。

1）首先令最大生成树初始状态为只有 n 个顶点而无边的非连通图 T。

2）其次在无向图中选取权重最大的边，加入到 T 中，若它的添加使 T 中产生回路，则删除，选取下一条权重最大的边。

3）依此类推，直到 T 中有 $n-1$ 条边为止。

8.5 利用贝叶斯分类器预测争议判决结果

8.5.1 分类准备

本章用贝叶斯分类器预测工程变更争议的判决结果。样本数据的收集以及因素提取过程见第 6.2 节。贝叶斯分类器是分别利用 Weka 和 Belief Network Power Soft 软件实现。Weka 软件在第四章中介绍过，而 Belief Network Power Soft 是由 Cheng J. 开发的贝叶斯网络软件，该软件很好地结合了领域知识，提高了网络结构学习的速度和正确率。下面分别介绍如何在软件中构建贝叶斯分类器。

将样本输入 Weka 中，具体输入过程见第五章。在 Weka 中选择分类器，其选择页面见图 8-4，此处选择贝叶斯网络分类器。打开贝叶斯网络分类器的参数设定窗口，在搜索方法中选

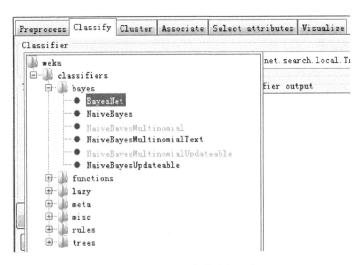

图 8-4 Weka 中分类器选择示意图

择 TAN 方法,见图 8-5 所示。这样,完成了 TAN 分类器的构造。在 Weka 中还可以选择交叉验证还是直接输入测试数据。

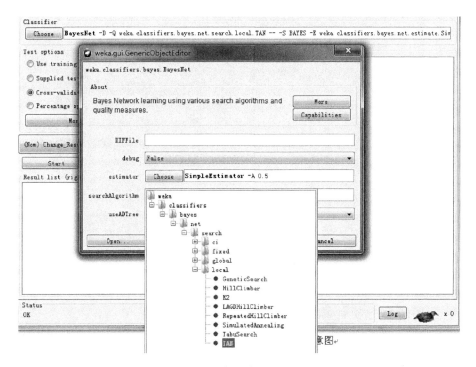

图 8-5　参数选择示意图

利用 Belief Network Power Soft 构建分类器和测试分类器的过程如下。首先将收集的样本数据存入 Access 的表格中,并导入软件,见图 8-6。接着,输入领域知识,用于指导结构学习,见图 8-7。这一步与 Weka 中的结构学习不同,是 Belief Network Power Soft 软件的独特之处。本章中输入的领域知识集中在属性排列顺序上,排在上方的属性不会成为下方属性的子节点。

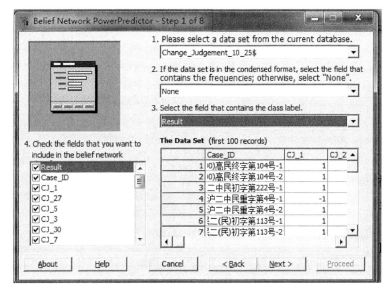

图 8-6　Belief Network Power Soft 的数据输入示意图

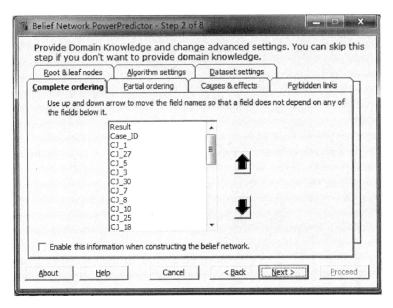

图 8-7　领域知识输入示意图

8.5.2　朴素贝叶斯分类器和 TAN 分类器结果比较

输入数据分四种情况：第一种情况下输入样本包括争议原告方是发包人，被告方是承包人，争议对象是承包人是否承担擅自变更产生的费用以及争议的原告方是承包人，被告方是发包人，争议的对象是被告是否支付工程变更产生的相关费用；第二种情况只考虑争议的原告方是承包人，被告方是发包人；第三种情况只考虑承包人向发包人主张价款方面的争议；第四种情况只考虑承包人向发包人主张工期方面的争议。测试数据分为两种：一是原训练数据，二是交叉验证。下面给出朴素贝叶斯分类器和 TAN 分类器的结果比较。

表 8-1　4 分类,原训练数据集上朴素贝叶斯分类器和 TAN 分类器性能比较

指标	朴素贝叶斯分类器				TAN 分类器			
	发包人胜诉	发包人败诉	承包人胜诉	承包人败诉	发包人胜诉	发包人败诉	承包人胜诉	承包人败诉
TPR	0.90	0.86	0.89	0.82	1	0.86	0.87	0.90
FPR	0.013	0.01	0.14	0.092	0.013	0.00	0.07	0.09
Precision	0.857	0.90	0.80	0.87	0.87	1	0.88	0.89
AUC-承包人胜诉	0.93				0.97			
AUC-承包人败诉	0.94				0.97			
正确率	85.2%				89.3%			

表 8-2　4 分类,$k=10$,朴素贝叶斯分类器和 TAN 分类器性能比较

指标	朴素贝叶斯分类器				TAN 分类器			
	发包人胜诉	发包人败诉	承包人胜诉	承包人败诉	发包人胜诉	发包人败诉	承包人胜诉	承包人败诉
TPR	0.85	0.71	0.85	0.78	0.80	0.91	0.85	0.79
FPR	0.02	0.014	0.17	0.1	0.009	0.018	0.15	0.11
Precision	0.77	0.83	0.76	0.86	0.89	0.83	0.77	0.86
AUC-承包人胜诉	0.91				0.94			
AUC-承包人败诉	0.91				0.94			
正确率	80.7%				82.3%			

表 8-3　2 分类,原训练数据集上朴素贝叶斯分类器和 TAN 分类器性能比较

指标	朴素贝叶斯分类器		TAN 分类器	
	承包人胜诉	承包人败诉	承包人胜诉	承包人败诉
TPR	0.89	0.81	0.89	0.9
FPR	0.19	0.11	0.1	0.11
Precision	0.80	0.90	0.88	0.91
AUC	0.91	0.91	0.96	0.96
正确率	84.6%		89.6%	

表 8-4　2 分类,$k=10$,朴素贝叶斯分类器和 TAN 分类器性能比较

指标	朴素贝叶斯分类器		TAN 分类器	
	承包人胜诉	承包人败诉	承包人胜诉	承包人败诉
TPR	0.86	0.79	0.78	0.85
FPR	0.21	0.14	0.16	0.22
Precision	0.77	0.87	0.81	0.82
AUC	0.88	0.88	0.92	0.92
正确率	82.2%		81.7%	

表 8-5　价款争议,原训练数据集上朴素贝叶斯分类器和 TAN 分类器性能比较

指标	朴素贝叶斯分类器		TAN 分类器	
	承包人胜诉	承包人败诉	承包人胜诉	承包人败诉
TPR	0.89	0.84	0.89	0.95
FPR	0.16	0.11	0.05	0.11
Precision	0.83	0.9	0.94	0.91

指标	朴素贝叶斯分类器		TAN 分类器	
	承包人胜诉	承包人败诉	承包人胜诉	承包人败诉
AUC	0.95	0.95	0.97	0.97
正确率	86.4%		92.1%	

表 8-6　价款争议, $k=10$, 朴素贝叶斯分类器和 TAN 分类器性能比较

指标	朴素贝叶斯分类器		TAN 分类器	
	承包人胜诉	承包人败诉	承包人胜诉	承包人败诉
TPR	0.88	0.76	0.86	0.91
FPR	0.24	0.12	0.09	0.14
Precision	0.76	0.88	0.89	0.88
AUC	0.93	0.93	0.94	0.94
正确率	81.4%		88.6%	

表 8-7　工期争议, 原训练数据集上朴素贝叶斯分类器和 TAN 分类器性能比较

指标	朴素贝叶斯分类器		TAN 分类器	
	承包人胜诉	承包人败诉	承包人胜诉	承包人败诉
TPR	0.85	0.71	0.78	0.91
FPR	0.29	0.15	0.09	0.22
Precision	0.70	0.86	0.87	0.84
AUC	0.88	0.88	0.91	0.91
正确率	77.4%		85.5%	

表 8-8　工期争议, $k=10$, 朴素贝叶斯分类器和 TAN 分类器性能比较

指标	朴素贝叶斯分类器		TAN 分类器	
	承包人胜诉	承包人败诉	承包人胜诉	承包人败诉
TPR	0.67	0.66	0.67	0.77
FPR	0.34	0.33	0.23	0.33
Precision	0.6	0.72	0.69	0.75
AUC	0.85	0.74	0.80	0.80
正确率	66.1%		72.6%	

从表 8-1 至表 8-8 中可以得到以下结论:

① 从表中可以发现, TAN 分类器的性能基本上都优于朴素贝叶斯分类器。这说明属性之间有一定的相关性, 而朴素贝叶斯网络的建模并不考虑这些相关性, 导致性能下降。

② 观察表 8-7 发现,分类器对两种类标号的预测结果的差别很大。朴素贝叶斯网络在承包人胜诉的预测正确率要高于承包人败诉的预测,而 TAN 分类器刚好相反。这主要是因为在时间争议方面的案例不一致性较大,例如,对于因设计变更导致工期延误的具体时间能否证明这个因素上的分歧很大。部分判决法官只从变更实际发生、工程量有增加出发,认为延误的时间可以不用证明。另一部分判决法官则认为在无法举证说明延误时间的情况下,不能同意承包人要求时间补偿的主张。再比如对于合同中规定承包商负有通知义务时,未履行该义务是否影响判决结果也有一定的分歧。训练数据的不一致,使得预测结果有一定的偏差。

③ 对比表 8-1 和表 8-3 发现,两种分类器可以很好地区分出业主主张权利的案例和承包商主张权利的案例。

④ 四种数据都表明分类器在原训练集上的分类结果要优于交叉验证的结果。

8.5.3　贝叶斯网络分类器结果比较

利用 Weka 软件自带的 K2 算法直接从输入训练数据中学习得到贝叶斯网络结构,发现其结果和朴素贝叶斯网络相同。这主要是因为本研究的训练数据很少,而 K2 算法适用于大量训练数据。由于 Cheng J. 的结构学习算法可以解决训练样本个数偏少的问题,因此考虑利用 Belief Network Power Soft 软件,结合领域知识,学习贝叶斯网络。

利用 Cheng J. 算法得到的贝叶斯网络结构如图 8-8 和图 8-9 所示,而利用贝叶斯网络进行分类得到的结果如表 8-9 和表 8-10 所示。

表 8-9　价款争议,原训练数据集贝叶斯网络分类器性能

指标	贝叶斯分类器	
	承包人胜诉	承包人败诉
TPR	0.86	0.97
FPR	0.027	0.14
Precision	0.97	0.89
AUC	0.97	0.97
正确率	92.1%	

表 8-10　工期争议,原训练数据集贝叶斯网络分类器性能

指标	贝叶斯分类器	
	承包人胜诉	承包人败诉
TPR	0.78	0.91
FPR	0.086	0.22
Precision	0.87	0.84
AUC	0.90	0.90
正确率	85.5%	

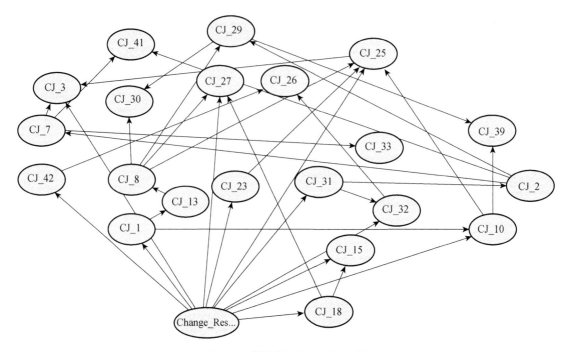

图 8-8　价格争议的贝叶斯网络

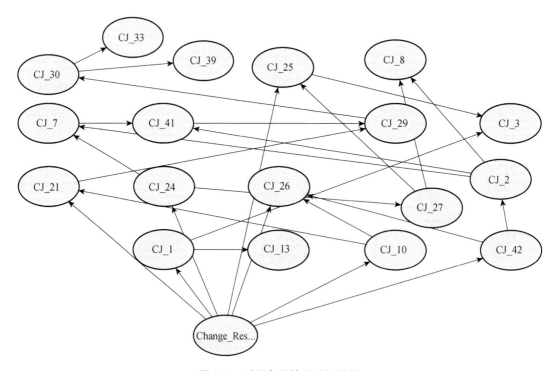

图 8-9　时间争议的贝叶斯网络

对比表 8-9 和表 8-5 以及对比表 8-10 和表 8-7 可以发现,贝叶斯分类器和 TAN 分类器的性能几乎相同,然而前者的结构比 TAN 简单。比较图 8-8 和图 8-9 发现,CJ_3 因素,即业主是否已知工程发生变化在价格争议中直接影响结果节点,而在时间争议中对结果没有直接影响。

8.6　三种分类器性能比较

分类器用于预测类属性标号的取值,本研究的类属性标号是工程变更争议的判决结果,即承包人胜诉、承包人败诉、发包人胜诉和发包人败诉。三种算法都是通过分析实际工程变更争议样本集来构造分类器,最后得到的是属性集到类属性的映射。映射表为决策树或数学关系。实际使用分类器预测当前争议的判决结果时,将实际工程争议案例输入分类器,分析得到当前争议的属性取值,再利用分类器得到预测结果。图 8-10 给出了上述过程。

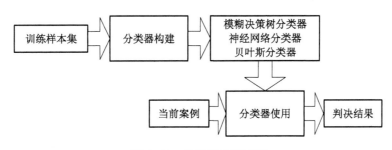

图 8-10　分类器应用过程

尽管三种分类器都是从训练集中学习得到的,然而由于构造原理不同,其性能也有差异。表 8-11 给出了四种输入数据时分类器的性能结果。从表中得到以下结论:4 分类情况下,概率神经网络的正确率最高,其次是预处理数据 BP 神经网络,最后是模糊决策树和 TAN 分类器;2 分类情况下,概率神经网络、预处理数据 BP 神经网络和模糊决策树的性能相似,而 TAN分类器略低于前三者;价款争议下,模糊决策树和概率神经网络的性能最好,而 TAN 分类器和预处理 BP 神经网络性能相近;工期争议下,四种分类器的性能类似。综合这四种情况可以看出,概率神经网络的分类预测性能最好。

除了预测正确率指标以外,三种分类器有各自的使用特点。决策树分类器得到的分类规则简洁,可解释性好,且构造速度快,同时,模糊决策树对于不一致数据有较强的适应能力。神经网络分类器的正确率较高,但模型比决策树和贝叶斯网络要复杂,解释性比后两者差。BP神经网络的构建速度较慢,受到样本不一致的影响比较大。概率神经网络的构建速度要快于BP 神经网络。贝叶斯网络分类器的构造速度比 BP 神经网络快,且得到的网络易于理解。除此之外,贝叶斯网络还给出了属性之间的关联关系。

表 8-11　不同输入数据下分类器性能比较

(a)　4 分类,原训练数据集上模糊 C4.5 分类器,预处理数据 BP 分类器,概率神经网络分类器和 TAN 分类器性能比较

指标	模糊 C4.5 分类器				预处理数据 BP 分类器				概率神经网络分类器				TAN 分类器			
	发包人胜诉	发包人败诉	承包人胜诉	承包人败诉	发包人胜诉	发包人败诉	承包人胜诉	承包人败诉	发包人胜诉	发包人败诉	承包人胜诉	承包人败诉	发包人胜诉	发包人败诉	承包人胜诉	承包人败诉
TPR	0.95	1	0.77	0.96	0.95	1	0.85	0.95	0.95	1	0.86	0.96	1	0.86	0.87	0.90
FPR	0.00	0.004 5	0.026	0.16	0.00	0.004	0.003 3	0.11	0.00	0.004	0.026	0.098	0.013	0.00	0.07	0.09
Precision	1	0.90	0.95	0.83	1	0.95	0.94	0.88	1	0.95	0.95	0.89	0.87	1	0.88	0.89
正确率	89.3%				91.8%				92.6%				89.3%			

(b)　2 分类,原训练数据集上模糊 C4.5 分类器,预处理数据 BP 分类器,概率神经网络分类器和 TAN 分类器性能比较

指标	模糊 C4.5 分类器		预处理数据 BP 分类器		概率神经网络分类器		TAN 分类器	
	承包人胜诉	承包人败诉	承包人胜诉	承包人败诉	承包人胜诉	承包人败诉	承包人胜诉	承包人败诉
TPR	0.86	0.96	0.86	0.90	0.86	0.96	0.86	0.9
FPR	0.036	0.14	0.045	0.18	0.036	0.14	0.1	0.11
Precision	0.95	0.89	0.94	0.85	0.95	0.89	0.88	0.91
正确率	91.6%		91.1%		91.6%		89.6%	

(c)　价款争议,原训练数据集上模糊 C4.5 分类器,预处理数据 BP 分类器,概率神经网络分类器和 TAN 分类器性能比较

指标	模糊 C4.5 分类器		预处理数据 BP 分类器		概率神经网络分类器		TAN 分类器	
	承包人胜诉	承包人败诉	承包人胜诉	承包人败诉	承包人胜诉	承包人败诉	承包人胜诉	承包人败诉
TPR	0.89	0.99	0.91	0.92	0.89	0.99	0.89	0.95
FPR	0.013	0.11	0.08	0.092	0.013	0.11	0.05	0.11
Precision	0.98	0.91	0.91	0.84	0.98	0.91	0.94	0.91
正确率	94.3%		91.1%		94.3%		92.1%	

（d）　工期争议，原训练数据集上模糊 C4.5 分类器、
预处理数据 BP 分类器、概率神经网络分类器和 TAN 分类器性能比较

指标	模糊 C4.5 分类器		预处理数据 BP 分类器		概率神经网络 分类器		TAN 分类器	
	承包人 胜诉	承包人 败诉	承包人 胜诉	承包人 败诉	承包人 胜诉	承包人 败诉	承包人 胜诉	承包人 败诉
TPR	0.77	0.91	0.78	0.91	0.78	0.91	0.78	0.91
FPR	0.086	0.22	0.086	0.22	0.086	0.22	0.09	0.22
Precision	0.875	0.84	0.875	0.84	0.875	0.84	0.87	0.84
正确率	85.5%		85.5%		85.5%		85.5%	

8.7　本章小结

本章利用贝叶斯分类器预测工程变更争议的判决结果。首先介绍了朴素贝叶斯分类器、TAN 分类器和贝叶斯网络分类器的特征，其次比较了贝叶斯网络分类器的两类结构学习算法，最后进行了实证分析。通过对输入争议样本的结果预测，得到以下结论：

（1）TAN 分类器的总体正确率要高于朴素贝叶斯分类器，而贝叶斯网络分类器的正确率与 TAN 分类器相近，结构比 TAN 分类器简单。

（2）不同类标号上不同分类器的性能有差异，比如，在承包人胜诉的预测上，朴素贝叶斯分类器的正确率高于 TAN 分类器，而在发包人胜诉的预测上则相反。

（3）在贝叶斯网络分类器的结构学习上，Cheng J. 的算法引入领域知识，性能要优于 K2 算法，然而，领域知识往往是专家的主观判断，这给结果带来了不确定性。

（4）比较了模糊决策树、预处理数据的 BP 神经网络、概率神经网络和 TAN 分类器的性能，得到结论：概率神经网络的分类预测性能最好，其他三种在不同输入数据时性能优劣不同；决策树分类器得到的分类规则简洁，可解释性好，且构造速度快，对于不一致数据有较强的适应能力；BP 神经网络的构建速度较慢，受到样本不一致的影响比较大；概率神经网络的构建速度要快于 BP 神经网络；TAN 分类器的构造速度比 BP 神经网络快，且得到的网络易于理解。

第九章　总结与展望

9.1　研究成果

尽管工程争议对建设过程产生负面的影响,然而几乎每个工程项目都会发生争议。在各种争议中,质量缺陷争议涉及工程使用的安全性和可靠性,变更争议频繁发生且影响工期和成本,这两种争议成为了本书的研究对象。本书的主要工作是构建了争议案例库,利用人工智能技术分析争议案例,从中挖掘有用信息,帮助工程参与方解决争议,提高工程争议管理的效率。通过研究,得到了以下的成果:

(1) 构建工程争议的法律论证模型和关系数据模型。

(2) 分层关联规则挖掘算法,在不同概念分层上自动寻找关联数据项。

(3) 模糊决策树预测算法,用于预测争议判决结果。

(4) 可以处理不一致数据的 BP 神经网络预测算法,用于预测争议判决结果。

(5) 利用领域信息的贝叶斯分类器,用于预测争议判决结果。

本书的主要内容和结论如下:

(1) 从判决书数据库中收集了与建设工程质量缺陷争议和工程变更争议相关的判决书,构成了基础案例库。在对判决书的内容进行分解之后,提取与本研究相关的属性,将文档案例库转换为关系数据库,利用实体集和属性集对缺陷、论证和项目等信息进行建模,最终成为计算机可处理的数据形式。

(2) 对案例的各项属性的取值分布情况进行基本统计分析,分别给出了工程缺陷的属性取值分布情况、争议论证过程中证据使用的分布情况和项目属性的分布情况。这些统计分布给出了工程争议的基本特征。本章还利用统计分析中的相关性检验考察了以下因素之间的相关性:缺陷费用比例和业主身份;发包人主营业务与判决结果;合同类型与判决结果。得到以下结论:从事房地产相关业务的业主和从事其他业务的业主在质量缺陷上的花费有明显的不同,前者的均值要明显小于后者;发包人的主营业务与判决结果不相关;合同类型与判决结果不相关。

(3) 针对判决书中的非结构化数据难以直接处理分析的问题,将其转换为结构化数据形式,保存在关系数据库中。结合人工智能中的逻辑推理模型与法律推理方法,针对建设工程争议的特点,归纳总结出工程争议解决中常用的 16 种法律论证图式,以及论证图式之间通过结论-条件和反驳等关系形成的非循环图状结构。进一步将论证图式模型转换为关系数据模型,并在 Access 数据库中设计数据录入界面,最终实现判决书中的争议论证过程的结构化和明确化建模。

（4）针对工程争议案例的特性，改进了传统的关联规则挖掘算法，在不同概念层次上实现关联项挖掘。最后，将分层关联规则挖掘算法应用于构建的案例库，实现知识的自动提取。通过关联规则挖掘，得到缺陷项之间的关联性和缺陷因果关系的频繁项集，预测及辅助后续的质量缺陷争议的责任分配。

（5）最后一部分是利用三种人工智能技术中的分类预测算法，预测工程变更争议的判决结果。

1）将模糊数学理论和决策树算法相结合，解决工程争议判决的模糊特性，给出了模糊决策树的迭代构造过程，验证了模糊决策树算法的性能。通过对输入样本的预测，得到结论：模糊 C4.5 分类器的性能要优于 Cart 分类器；在承包人胜诉这一类的预测上，Cart 分类器的正确率要高于模糊 C4.5 分类器，而在发包人胜诉类的预测上，模糊 C4.5 分类器的正确率要高于 Cart 分类器。工期补偿争议的判决模糊度要高于工程价款补偿争议，决策树算法在前者的预测正确率也小于后者。

2）研究了神经网络在工程争议判决结果预测上的应用，对比了 BP 神经网络和概率神经网络的性能，针对判决的模糊特性调整了网络的输入输出的设计。最后通过对输入样本集的预测，得到以下结论：通过数据预处理，可以提高 BP 神经网络的预测正确率；概率神经网络的预测正确率要优于 BP 神经网络；不同类标号上的分类算法的正确率不同，比如，对于承包人胜诉的预测，预处理的 BP 神经网络要优于未处理的神经网络，而对于发包人胜诉的预测，未处理的神经网络要优于预处理的神经网络。

3）利用三种贝叶斯分类器预测工程变更争议的判决结果，得到以下结论：TAN 分类器的总体正确率要高于朴素贝叶斯分类器，而贝叶斯网络分类器的正确率与 TAN 分类器相近，结构比 TAN 分类器简单；不同类标号上不同分类器的性能有差异，比如，在承包人胜诉的预测上，朴素贝叶斯分类器的正确率高于 TAN 分类器，而在发包人胜诉的预测上，则相反；在贝叶斯网络分类器的结构学习上，Cheng J. 的算法引入领域知识，性能要优于 K2 算法，然而，领域知识往往是专家的主观判断，这给结果带来了不确定性。

9.2　本书创新点

1）创建基于关系数据模式的工程争议案例库。案例库中包括了争议基本信息、争议中的法律论证过程信息和争议涉及特定工程信息等。其中的法律论证过程信息被建模为论证图式模型，实现了争议解决中的论证过程结构化建模，为自动化论证奠定基础。同时，与传统案例库相比，本书设计的争议案例库具有智慧特征，适合于人工智能技术的进一步分析，如规则挖掘和结果预测等。同时，本书设计的案例库也可应用于工程争议管理信息系统，满足争议管理的信息需求，帮助采集、加工管理过程中产生的信息。

利用关联规则挖掘算法分析工程争议案例库，针对工程争议数据稀疏特性，在 Han J. W. 的分层关联规则挖掘算法基础上，改进了编码规则，同时将挖掘扩展到不同层次之间以及不同数据表之间。将本书提出的改进算法应用于工程质量缺陷争议案例，自动提取出缺陷之间的关联性和缺陷因果关系之间的关联性，实现了从大量数据中自动提取知识的功能。挖掘得到的规律用于预防质量缺陷争议的发生，在缺陷已经产生时帮助判定缺陷产生原因和寻找可能同时发生的其他缺陷,同时根据缺陷的原因辅助进行缺陷责任分配。

2) 基于模糊决策树算法预测工程变更争议的判决结果,针对工程争议判决的模糊特性,利用模糊决策树算法解决输入样本的不一致而导致预测正确率下降的问题。在研究中推导了模糊决策树的构造原理和特性,并且用 Matlab 语言实现模糊决策树算法。从实际变更争议样本集中训练得到决策树,验证了模糊决策树在判决结果预测上的性能优于传统决策树算法。运用模糊决策树分类器比较了工期延迟争议和工程价款补偿争议的判决差别,得到结论:工期争议案例的模糊性高于价款争议。

3) 运用 BP 神经网络预测工程变更争议的判决结果,针对工程争议判决模糊特性,改进了 BP 网络设计,对输入数据加入分组预处理。通过对实际变更争议样本的预测,比较分析本书设计的 BP 网络与传统 BP 网络的性能差异,得到结论:本书设计的 BP 网络的预测性能优于传统 BP 网络。同时比较了 BP 网络和概率分类神经网络在预测争议判决结果上的性能,得到结论:概率分类神经网络的预测性能优于 BP 网络,且前者的构建和分类速度要快于后者。

4) 利用贝叶斯分类器预测工程变更争议的判决结果,在同一工程变更争议样本集上分别构建朴素贝叶斯分类器、TAN 分类器和贝叶斯网络分类器,对比分析了三种分类器的预测性能差异,得到结论:朴素贝叶斯分类器结构最简单,构建速度最快,然而正确率最低;TAN 分类器构建速度中等,正确率最高;贝叶斯网络分类器构建速度较慢,受到主观认识的约束,但是贝叶斯网络给出了分类属性之间的关联特性。

9.3　本书不足和展望

本研究的主要工作是利用人工智能技术从工程争议案例中挖掘提取有用的信息,下面给出研究可以改进和增加的内容。

(1) 增加案例库中的案例数量。尽管数据挖掘技术不考虑输入样本的统计特性,一定程度上降低了对样本大小的要求。然而,样本数量影响到挖掘出的知识。这主要因为数量越多,属性的取值组合越丰富,模式越明显,分类预测的结果也越准确。

(2) 文本挖掘技术的利用。在判决书转换为关系数据库的过程中,大量的时间和精力用于筛选判决书,提取相关属性取值。文本挖掘技术可以减轻这个过程的负担,更加准确地检索判决书,自动得到属性的取值,减轻转换过程的工作量。

(3) 其他分类预测算法的应用。本研究应用的分类预测算法有三类:决策树、神经网络和贝叶斯分类器。今后可以继续研究其他的分类算法在争议结果预测上的性能。比如,CBR 算法,不光可以解决结果预测,还可以用于法律论证的自动生成;RBR 算法,为预测提供先决条件,或为复杂预测的分解和结合提供元规则;基于关联规则挖掘的分类算法,研究关联规则之间的冲突和解决,这正好符合了法律论证的可废止性。

参考文献

［1］中华人民共和国国家统计局. 中国统计年鉴 2016［M］. 北京：中国统计出版社，2016.

［2］张秋. 我国建筑业劳动生产率现状及影响因素研究［D］. 重庆：重庆大学，2012.

［3］Murray M, Langford D. Construction Reports 1944—98［M］. New Jersey：Wiley-Blackwell, 2003.

［4］Fenn F. Predicting construction disputes：an aetiological approach［C］. Proceedings of the institution of civil engineers：management, procurement and law, 2007, 160(2)：69-73.

［5］Abourizk S M, Dozzi S P. Application of computer simulation in resolving construction disputes［J］. Journal of Construction Engineering and Management, 1993, 119(2)：355-373.

［6］成虎. 建设工程合同管理与索赔［M］. 4 版. 南京：东南大学出版社，2008.

［7］Cakmak P I, Cakmak E. An analysis of causes of disputes in the construction industry using analytical hierarchy process (AHP)［C］. Proceedings of AEI, 2013：93-101.

［8］Park C S, Lee D Y, Kwon O S, et al. A framework for proactive construction defect management using BIM, augmented reality and ontology-based data collection template［J］. Automation in Construction, 2013, 33：61-71.

［9］Sassu M, Falco A D. Legal disputes and building defects：some data from Tuscany (Italy)［J］. Journal of Performance of Constructed Facilities, 2013, 28 (4)：2317-2322.

［10］Diekmann J E, Kruppenbacher T A. Claims analysis and computer reasoning［J］. Journal of Construction Engineering and Management, 1984, 110(4)：391-408.

［11］Cobb J E, Diekmann J E. Claims analysis expert system［J］. Project Management Journal, 1986, 17(2)：39-48.

［12］Arditi D, Oksay F, Tokdemir O. Predicting the outcomes of construction litigation using neural networks［J］. Computer Aid Civil Infrastructure Engineering, 1998, 13(2)：75-81.

［13］Chau K W. Application of a PSO-based neural network in analysis of outcomes of construction claims［J］. Automation in Construction, 2006, 16(5)：642-646.

［14］Arditi D, Tokdemir O. Using case-based reasoning to predict the outcome of construction litigation［J］. Computer Aided Civil Infrastructure Engineering, 1999, 14(6)：385-393.

［15］Mahfouz T S. Construction legal support for differing site conditions (DSC) through statistical modeling and machine learning (ML)［D］. Iowa：Lowa State University, 2009.

［16］Diekmann J E, Kraiem Z M. Uncertain reasoning in construction legal expert system［J］. Journal of Computer in Civil Engineering, 1990, 4(1)：55-76.

［17］Sweet J. Legal Aspects of the architecture, engineering, and construction process［M］. Minnesota：West Publishing Co. , 1989.

［18］Thomas H R, Ellis R D. Jr. Interpreting construction contracts［M］. Reston：ASCE Press, 2007.

［19］李启明. 土木工程合同管理［M］. 2 版. 南京：东南大学出版社，2008.

［20］Levin P. Construction contract, claims, changes and dispute resolution［M］. Reston：ASCE Press, 1998.

［21］Kumaraswamy M, Yogeswaran K. Significant sources of construction claims ［J］. International

Construction Law Review, 1998, 15(1): 144-160.

[22] Brooker P. Construction lawyers' attitudes and experience with ADR[J]. Construction Law Journal, 2002, 18(2): 97-116.

[23] Sheridan P. Claims and disputes in construction[J]. Construction Law Journal, 2003, 12(1): 3-13.

[24] Love P, Davis P, Ellis J, et al. Dispute causation: identification of pathogenic influences in construction [J]. Engineering, Construction and Architectural Management, 2010, 17(4): 404-423.

[25] Ilter D. Identification of the relations between dispute factors and dispute categories in construction projects[J]. International Journal of Law in the Built Environment, 2012, 4(1): 45-59.

[26] Diekmann J E, Nelson M C. Construction claims: frequency and severity[J]. Journal of Construction Engineering and Management, 1985, 111(1): 74-81.

[27] Mitropoulos P, Howell G. Model for understanding, preventing, and resolving project disputes[J]. Journal of Construction Engineering and Management, 2001, 127(3): 223-231.

[28] Cho Y J, Hyun C T, Lee S B, et al. Characteristics of contractor's liabilities for defects and defective work in Korean public projects[J]. Journal of Professional Issues in Engineering Education and Practice, 2006, 132(2): 180-186.

[29] Nguyen L D, Kneppers J, Soto B G D, et al. Analysis of adverse weather for excusable delays[J]. Journal of Construction Engineering and Management, 2010, 136(12): 1258-1267.

[30] Mahfouz T, Kandil A. Litigation outcome prediction of differing site condition disputes through machine learning models[J]. Journal of Computing in Civil Engineering, 2012, 26(3): 298-308.

[31] El-adaway I H, Kandil A A. Multiagent system for construction dispute resolution (MAS-COR)[J]. Journal of Construction Engineering and Management, 2010, 136(3): 303-315.

[32] Diekmann J E, Girard M J. Are contract disputes predictable? [J]. Journal of Construction Engineering and Management, 1995, 121(4): 355-363.

[33] Chen J H. Litigation prediction model for construction disputes caused by change orders[D]. Madison: University of Wisconsin at Madison, 2003.

[34] Chen J H. KNN based knowledge-sharing model for severe change order disputes in construction[J]. Automation in Construction, 2008, 17(6): 773-779.

[35] Chen J H, Hsu S C. Hybrid ANN-CBR model for disputed change orders in construction projects[J]. Automation in Construction, 2007, 17(1): 56-64.

[36] Cheung S O, Pang K H Y. Anatomy of construction disputes[J]. Journal of Construction Engineering and Management, 2013, 139(1): 15-23.

[37] Chou J S, Tsai C F, Lu Y H. Project dispute prediction by hybrid machine learning techniques[J]. Journal of Civil Engineering and Management, 2013, 19(4): 505-517.

[38] Keane P J. A computer-aided systematic approach to time delay analysis for extension of time claims on construction projects[D]. Loughborough: Loughborough University of Technology, 1994.

[39] Levin P. Construction contract claims, changes & dispute resolution[M]. Reston:ASCE Press, 1998.

[40] Ren Z, Anumba C J, Ugwu O O. Construction claims management: towards an agent-based approach [J]. Engineering, Construction and Architectural Management, 2001, 8(3): 185-197.

[41] Ho S P, Liu L Y. Analytical model for analyzing construction claims and opportunistic bidding[J]. Journal of Construction Engineering and Management, 2004, 130(1): 94-104.

[42] Kassab M, Hipel K, Hegazy T. Conflict resolution in construction disputes using the graph model[J]. Journal of Construction Engineering and Management, 2006, 132(10): 1043-1052.

[43] Cheung S O, Chow P T, Yiu T W. Contingent use of negotiators' tactics in construction dispute

negotiation[J]. Journal of Construction Engineering and Management, 2009, 135(6): 466-476.

[44] Vidogah W, Ndekugri I. Improving management of claims: contractors' perspective[J]. Journal of Management in Engineering, 1997, 13(5): 37-44.

[45] Al-Sabah S S J A, Fereig S M, Hoare D J. A database management system to document and analyze construction claims[J]. Advances in Engineering Software, 2003, 34(8): 477-491.

[46] Chong H Y, Balamuralithara B, Chong S C. Construction contract administration in Malaysia using DFD: a conceptual model[J]. Industrial Management & Data Systems, 2011, 111(9): 1449-1461.

[47] Chong H Y, Zin R M, Chong S C. Employing data warehousing for contract administration e-dispute resolution prototype[J]. Journal of Construction Engineering and Management, 2013, 139(6): 611-619.

[48] 葛洪义. 试论法律论证的概念、意义与方法[J]. 浙江社会科学, 2004, 2: 58-64.

[49] Gordon T F, Walton D. Legal reasoning with argumentation schemes[C]. Proceedings of the 12th International Conference on Artificial Intelligence and Law, 2009: 137-146.

[50] Gordon T F, Prakken H, Walton D. The carneades model of argument and burden of proof[J]. Artificial Intelligence, 2007, 171: 875-896.

[51] Dewitz S K, Ryu Y, Lee R M. Defeasible reasoning in law[J]. Decision Support Systems, 1994, 11(2): 133-155.

[52] Wyner A, Bench-Capon T. Argument schemes for legal case-based reasoning[C]. Proceedings of the 2007 conference on legal knowledge and information systems: the twentieth annual conference, 2007: 139-149.

[53] Vreeswijk G A W. Argumentation in Bayesian belief networks[C]. Proceedings of the first international conference on argumentation in multi-agent systems, 2004: 111-129.

[54] Watt D S. Building pathology: Principles & practice[M]. Oxford: Wiley-Blackwell, 1999.

[55] Josephson P E, Hammarlund Y. The causes and costs of defects in construction a study of seven building projects[J]. Automation in Construction, 1999, 8(6): 681-687.

[56] Chong W K, Low S P. Assessment of defects at construction and occupancy stages[J]. Journal of Performance of Constructed Facilityies, 2005, 19(4): 283-289.

[57] Macarulla M, Forcada N, Casals M, et al. Standardizing housing defects: classification, validation, and benefits[J]. Journal of Construction Engineering and Management, 2013, 139(8): 968-976.

[58] Forcada N, Macarulla M, Love P E D. Assessment of residential defects at post-handover[J]. Journal of Construction Engineering and Management, 2013, 139(4): 372-378.

[59] Aljassmi H, Han S. Analysis of causes of construction defects using fault trees and risk importance measures[J]. Journal of Construction Engineering and Management, 2013, 139(7): 870-880.

[60] Mills A, Love P E D, Williams P. Defect costs in residential construction[J]. Journal of Construction Engineering and Management, 2009, 135(1): 12-16.

[61] Semple C, Hartman F T, Jergeas G. Construction claims and disputes: causes and cost/time overruns [J]. Journal of Construction Engineering and Management, 1994, 120(4): 785-795.

[62] Ibbs W C. Quantitative impacts of project change: size issues[J]. Journal of Construction Engineering and Management, 1997, 123(3): 308-311.

[63] Ibbs W C. Impact of change's timing on labor productivity[J]. Journal of Construction Engineering and Management, 2005, 131(11): 1219-1223.

[64] Mokhtar A, Bedard C, Fazio P. Information model for manaing design changes in a collaborative environment[J]. Journal of Computing in Civil Engineering, 1998, 12(2): 82-92.

［65］ Arain F M, Pheng L S. Knowledge-based decision support system for management of variation orders for institutional building projects［J］. Automation in Construction, 2006, 15(3)：272-291.

［66］ Motawa I A, Anumba C J, Lee S. An integrated system for change management in construction［J］. Automation in Construction, 2007, 16(3)：368-377.

［67］ Zhao Z Y, Lv Q L, Zuo J, et al. A prediction system for change management in construction project［J］. Journal of Construction Engineering and Management, 2010, 136(6)：659-669.

［68］ Love P E D, Holt G D, Shen L Y, et al. Using systems dynamics to better understand change and rework in construction project management systems［J］. International Journal of Project Management, 2002, 20(6)：425-436.

［69］ Keane P, Sertyesilisik B, Ross A D. Variations and change orders on construction projects［J］. Journal of Legal Affairs and Dispute Resolution in Engineering and Construction, 2010, 2(2)：89-96.

［70］ Thomas H R, Smith G R, Wright D E. Legal aspects of oral change orders［J］. Journal of Construction Engineering and Management, 1991, 117(1)：148-162.

［71］ Cox R K. Managing change orders and claims［J］. Journal of Management in Engineering, 1997, 13(1)：24-29.

［72］ Luger G F. 人工智能：复杂问题求解的结构和策略［M］. 北京：机械工业出版社, 2004.

［73］ Nilsson N J. 人工智能［M］. 郑扣根, 庄越挺, 译. 北京：机械工业出版社, 2000.

［74］ 蔡自兴, 徐光祐. 人工智能及其应用［M］. 3 版. 北京：清华大学出版社, 2003.

［75］ Michalski R S, Bratko I, Kubat M. 机器学习与数据挖掘［M］. 朱明, 等译. 北京：电子工业出版社, 2004.

［76］ Koloder J. Case-based reasoning［M］. California：Morgan Kaufmann Publisher, 1993.

［77］ 张本生, 于永利. CBR 系统案例搜索中的混合相似性度量方法［J］. 系统工程理论与实践, 2002, 3：131-136.

［78］ Ashley K D. Reasoning with cases and hypotheticals in HYPO［J］. International Journal of Man-Machine Studies, 1991, 34(6)：753-796.

［79］ Aleven V, Ashley K D. How different is different：arguing about the significance of similarities and differences［C］. Smith I, Faltings B. EWCBR-96：advances in case-based reasoning. Proceedings of the Third European Workshop, 1996：115.

［80］ Hirota K, Yoshino H, Xu M Q, et al. A fuzzy case based reasoning system for the legal inference［C］. Fuzzy Systems Proceedings, IEEE World Congress on Computational Intelligence, the 1998 IEEE International Conference on, 1998, 2：1350-1354.

［81］ Cheng M Y, Tsai H C, Chiu Y H. Fuzzy case-based reasoning for coping with construction disputes［J］. Expert Systems with Applications, 2009, 36(2)：4106-4113.

［82］ Bruninghaus S, Ashley K D. Predicting outcomes of case based legal arguments［C］. ICAIL'02 Proceedings of the 9th international conference on Artificial intelligence and law, 2003：233-242.

［83］ Hage J. Monological reason based reasoning［J］. Legal Knowledge Based Systems：Model-Based Reasoning, 1991, 91：77-91.

［84］ Rissland E L, Skalak D B. Cabaret：rule interpretation in a hybrid architecture［J］. International Journal of Man-Machine Studies, 1991, 34(6)：839-887.

［85］ Pal K. An approach to legal reasoning based on a hybrid decision-support system［J］. Expert Systems with Applications, 1999, 17(1)：1-12.

［86］ Han J W. Data Mining：Concepts and Techniques［M］. San Francisco：Morgan Kaufmann Publishers, 2012.

［87］ Quinlan J R. Induction of decision tree［J］. Machine Learning, 1986, 1(1)：81-106.

［88］Breiman L，Friedman J H，Olshen R A，et al. Classification and regression trees［M］. San Francisco：Wadsworth，1984.

［89］Quinlan J R. Programs for machine learning［M］. San Francisco：Morgan Kaufmann，1993.

［90］Umanol M，Okamoto H，Hatono I，et al. Fuzzy decision trees by fuzzy ID3 algorithms and its application to diagnosis systems［C］. IEEE world congress on computational intelligence，1994：2113-2118.

［91］Yuan Y，Shaw M J. Induction of fuzzy decision trees［J］. Fuzzy Sets and Systems，1995，69：125-139.

［92］Janikow C Z. Fuzzy decision trees：issues and methods［J］. IEEE Transactions on Systems，Man，and Cybernetics，2002，28(1)：1-14.

［93］Wang X Z，Yeung D S，Tsang E C C. A comparative study on heuristic algorithms for generating fuzzy decision trees［J］. IEEE Transactions on Systems，Man，and Cybernetics，2001，31(2)：215-226.

［94］Chang L Y，Chien J T. Analysis of driver injury severity in truck involved accidents using a non-parametric classification tree model［J］. Safety Science，2013，51(1)：17-22.

［95］De Ona J，Lopez G，Abellan J. Extracting decision rules from police accident reports through decision trees［J］. Accident Analysis and Prevention，2013，50：1151-1160.

［96］Kashani A，Mohaymany A. Analysis of the traffic injury severity on twolane，two-way rural roads based on classification tree models［J］. Safety Science，2011，49(10)：1314-1320.

［97］Abellan J，Lopez G，De Ona J. Analysis of traffic accident severity using decision rules via decision trees［J］. Expert Systems with Applications，2013，40(15)：6047-6054.

［98］Galindo J，Tamayo P. Credit risk assessment using statistical and machine learning：basic methodology and risk modeling applications［J］. Computational Economics，2000，15(1)：107-143.

［99］Bensic M，Sarlija N，Zekic-Susac M. Modelling small-business credit scoring by using logistic regression，neural networks and decision trees［J］. Intelligent Systems in Accounting，Finance and Management，2005，13(3)：133-150.

［100］Sohn S Y，Kim J W. Decision tree-based technology credit scoring for start-up firms：Korean case［J］. Expert Systems with Applications，2012，39(4)：4007-4012.

［101］Chen M Y. Predicting corporate financial distress based on integration of decision tree classification and logistic regression［J］. Expert Systems with Applications，2011，38(9)：11261-11272.

［102］Khan U，Shin H，Choi J P，et al. wFDT-weighted fuzzy decision trees for prognosis of breast cancer survivability［C］. Proceeding of seventh Australian data mining conference（AusDM），2008，87：141-152.

［103］Evans L，Lohse N，Tan K H，et al. Justification for the selection of manufacturing technologies：A fuzzy-decision-tree-based approach［J］. International Journal of Production Research，2011，50(23)：6945-6962.

［104］Evans L，Lohse N，Summers M. A fuzzy-decision-tree approach for manufacturing technology selection exploiting experience-based information［J］. Expert Systems with Applications，2013，40(16)：6412-6426.

［105］Stranieri A，Zeleznikow J. Knowledge Discovery from Legal Databases［M］. Berlin：Springer，2005.

［106］Arditi D，Pulket T. Predicting the outcome of construction litigation using boosted decision trees［J］. Journal of Computing in Civil Engineering，2005，19(4)：387-393.

［107］陈明. Matlab 神经网络原理与实例精解［M］. 北京：清华大学出版社，2013.

［108］Rumelhart D E，McClelland J L. Parallel distributed processing：explorations in the microstructure of cognition［M］. Cambridge：MIT Press，1986.

［109］Specht D F. Probabilistic neural network［J］. Neural Network，1990，3：109-118.

[110] Petroutsatou K，Georgopoulos E，Lambropoulos S，et al. Early cost estimating of road tunnel construction using neural networks[J]. Journal of Construction Engineering and Management，2012，138(6)：679-687.

[111] Wilmot C G，Mei B. Neural network modeling of highway construction costs[J]. Journal of Construction Engineering and Management，2005，131(7)：765-771.

[112] Sonmez R，Rowings J E. Construction labor productivity modeling with neural networks[J]. Journal of Construction Engineering and Management，1998，124(6)：498-504.

[113] Ezeldin A S，Sharara L M. Neural networks for estimating the productivity of concreting activities[J]. Journal of Construction Engineering and Management，2006，132(6)：650-656.

[114] Zayed T M，Halpin D W. Pile construction productivity assessment[J]. Journal of Construction Engineering and Management，2005，131(6)：705-714.

[115] Song L G，AbouRizk S M. Measuring and modeling labor productivity using historical data[J]. Journal of Construction Engineering and Management，2008，134(10)：768-794.

[116] Wang Z G，Li H Y，Jia Y H. A neural network model for expressway investment risk evaluation and its application[J]. Journal of Transportation Systems Engineering and Information Technology，2013，13(4)：94-99.

[117] Jin X H. Neurofuzzy decision support system for efficient risk allocation in public-private partnership infrastructure projects[J]. Journal of Computing in Civil Engineering，2010，24(6)：525-538.

[118] Al-Sobiei O S，Arditi D，Polat G. Managing owner's risk of contractor default[J]. Journal of Construction Engineering and Management，2005，131(9)：937-978.

[119] Elhag T M S，Wang Y M. Risk assessment for bridge maintenance projects：neural networks versus regression techniques[J]. Journal of Computing in Civil Engineering，2007，21(6)：402-409.

[120] Sawhney A，Mund A. Adaptive probabilistic neural network-based crane type selection system[J]. Journal of Construction Engineering and Management，2002，128(3)：265-273.

[121] Van Opdorp G J，Walker R F，Schrickx J A，et al. Networks at work：a connectionist approach to non-deductive legal reasoning[C]. Proceedings of the 3rd international conference on Artificial intelligence and law，1991：278-287.

[122] Bench-Capon T. Neural networks and open texture[C]. Proceedings of the 4th international conference on Artificial intelligence and law，1993：292-297.

[123] Aikenhead M. The uses and abuses of neural networks in law[J]. Santa Clara Computer & High Technology Law Journal，1996，12(1)：31-70.

[124] Zeleznikow J，Stranieri A，Gawler M. Project report：split-up-A legal expert system which determines property division upon divorce[J]. Artificial Intelligence and Law，1996，3(4)：267-275.

[125] 张连文,郭海鹏. 贝叶斯网引论[M]. 北京：科学出版社,2006.

[126] Pearl J. Probabilistic Reasoning in Intelligent Systems：Networks of Plausible Inference[M]. San Francisco：Morgan Kaufmann Publishers，1988.

[127] 王华伟,周经伦,何祖玉,等. 基于贝叶斯网络的复杂系统故障诊断[J]. 计算机集成制造系统,2004,10(2)：230-235.

[128] 陆静,王捷. 基于贝叶斯网络的商业银行全面风险预警系统[J]. 系统工程理论与实践,2012,32(2)：225-235.

[129] Leu S S，Chang C M. Bayesian-network-based safety risk assessment for steel construction projects[J]. Accident Analysis & Prevention，2013，54：122-133.

[130] Bayraktar M E，Hastak M. Bayesian belief network model for decision making in highway maintenance：

case studies[J]. Journal of Construction Engineering and Management, 2009, 135(12): 1357-1369.

[131] Friedman N, Geiger D, Goldszmidt M. Bayesian network classifiers[J]. Machine Learning, 1997, 29: 131-163.

[132] Duda R, Hart P. Pattern classification and scene analysis[M]. New Jersey:John Wiley & Sons, 1973.

[133] Spirtes P, Glymour C, Scheines R. Causation, Prediction, and Search[M]. Cambridge:MIT Press, 2001.

[134] Cheng J, Greiner R, Kelly J, et al. Learning Bayesian networks from data: an information-theory based approach[J]. Artificial Intelligence, 2002, 137(1): 43-90.

[135] 刘佳,贾彩燕. 基于 TAN 的文本自动分类框架[J].计算机工程,2010,36(16):36-39.

[136] Kim S B, Han K S, Rim H C, et al. Some effective techniques for naïve bayes text classification[J]. IEEE Transactions on Knowledge and Data Engineering, 2006, 18(11): 1457-1466.

[137] Dejaeger K, Verbraken T, Baesens B. Toward comprehensible software fault prediction models using Bayesian network classifiers[J]. IEEE Transactions on Software Engineering, 2013, 39(2): 237-257.

[138] Elmas C, Sonmez Y. A data fusion framework with novel hybrid algorithm for multi-agent decision support system for forest fire[J]. Expert Systems with Applications, 2011, 38(8): 9225-9236.

[139] Zhang L M, Wu X G, Ding L Y, et al. Decision support analysis for safety control in complex project environments based on Bayesian networks[J]. Expert Systems with Applications, 2013, 40(11): 4273-4282.

[140] Muralidharan V, Sugumaran V. A comparative study of naïve bayes classifier and bayes net classifier for fault diagnosis of monoblock centrifugal pump using wavelet analysis[J]. Applied Soft Computing, 2012, 12(8): 2023-2029.

[141] Cai Z Q, Sun S D, Si S B, et al. Identifying product failure rate based on a conditional Bayesian network classifier[J]. Expert Systems with Applications, 2011, 38(5): 5036-5043.

[142] Deublein M, Schubert M, Adey B T, et al. Prediction of road accidents: a Bayesian hierarchical approach[J]. Accident Analysis and Prevention, 2013, 51: 274-291.

[143] 史忠植. 高级人工智能[M].北京:科学出版社,1998.

[144] Agrawal R, Imielinski T, Swami A. Mining associations between sets of items in large databases[C]. ACM SIGMOD int'l conf. on management of data, 1993: 207-216.

[145] Zaki M J. Scalable algorithms for association mining[J]. IEEE Transactions on Knowledge and Data Engineering, 2000, 12(3): 372-390.

[146] Han J, Pei J, Yin Y, et al. Mining frequent patterns without candidate generation[J]. Data Mining and Knowledge Discovery, 2004, 8(1): 53-87.

[147] Han J, Fu Y. Discovery of multiple-level association rules from large databases[C]. Proceeding VLDB'95 Proceedings of the 21th International Conference on Very Large Data Bases, 1995: 420-431.

[148] Liao S, Ho H, Yang F. Ontology-based data mining approach implemented on exploring product and brand spectrum[J]. Expert Systems with Applications, 2009, 36(9): 11730-11744.

[149] Zeman M, Ralbovsky M, Svatek V, et al. Ontology-driven data preparation for association mining[C]. 18th International Symposium, ISMIS 2009, Prague, Czech Republic,2009: 270-283.

[150] Mansingh G, Osei-Bryson K, Reichgelt H. Using ontologies to facilitate post-processing of association rules by domain experts[J]. Information Sciences, 2011, 181(3): 419-434.

[151] Lee C K H, Choy K L, Ho G T S, et al. A hybrid OLAP-association rule mining based quality management system for extracting defect patterns in the garment industry[J]. Expert Systems with Application, 2013, 40(7): 2435-2446.

[152] Kamsu-Foguem B, Rigal F, Mauget F. Mining association rules for the quality improvement of the production process[J]. Expert Systems with Application, 2013, 40(4): 1034-1045.

[153] Lazzerini B, Pistolesi F. Profiling risk sensibility through association rules[J]. Expert Systems with Applications, 2013, 40(5): 1484-1490.

[154] Cheng C, Lin C, Leu S. Use of association rules to explore cause-effect relationships in occupational accidents in the Taiwan construction industry[J]. Safety Science, 2010, 48(4): 436-444.

[155] Ivkovic S, Yearwood J, Stranieri A. Visualising association rules for feedback within the legal system [C]. Proc 9th Intl Conf Artificial Intelligence and Law, Edinburgh, Scotland, 2003: 214-223.

[156] Bench-Capon T, Coenen F, Leng P. An experiment in discovering association rules in the legal domain [C]. 11th International Workshop on Database and Expert Systems Applications, 2000: 1056-1060.

[157] 何斌,吕诗芸,李泽莹. 信息管理:原理与方法[M]. 2 版. 北京:清华大学出版社,2011.

[158] 张德丰. MATLAB 概率与数理统计分析[M]. 北京:机械工业出版社,2010.

[159] 贾丽艳,杜强. SPSS 统计分析标准教程[M]. 北京:人民邮电出版社,2010.

[160] 王静龙,梁小筠. 定性数据统计分析[M]. 北京:中国统计出版社,2008.

[161] Walton D. 法律论证与证据[M]. 梁庆寅,等译. 北京:中国政法大学出版社,2010.

[162] Walton D, Reed C, Macagno F. Argumentation Schemes[M]. Cambridge:Cambridge University Press, 2008.

[163] 张海燕. 推定在书证真实性判断中的适用:以部分大陆法系国家和地区立法为借鉴[J]. 环球法律评论, 2015(4):17-34.

[164] 冯墨. 论专家意见证据规则的构建[D]. 上海:复旦大学,2010.

[165] Silberschatz A, Korth H F, Sudarshan S. 数据库系统概念[M]. 杨冬青,等译. 北京:机械工业出版社, 2012.

[166] 董东,马丽,苏国斌. XML 数据库和关系数据库之比较[J]. 计算机工程与设计,2005,26(8):2092-2098.

[167] Georigious J, Love P E D, Smith J. A comparison of defects in houses constructed by owners and registered builders in the Australian state of Victoria[J]. Structural Survey, 1999,17(3): 160-169.

[168] Sommerville J, McCosh J. Defects in new homes: An analysis of data on 1696 new U. K. houses[J]. Structural Survey, 2006, 24 (1):6-21.

[169] Georgiou J. Verification of a building defect classification system for housing[J]. Structural Survey, 2010, 28(5): 370-383.

[170] 朱庆育. 意思表示解释理论[M]. 北京:中国政法大学出版社,2004.

[171] 汪金敏,朱月英. 工程索赔 100 招[M]. 北京:中国建筑工业出版社,2009.

[172] 徐鹏,林森. 基于 C4.5 决策树的流量分类方法[J]. 软件学报,2009,20(10):2692-2704.

[173] Chen Y L, Weng C H. Mining association rules from imprecise ordinal data[J]. Fuzzy Sets and Systems, 2008, 159(4): 460-474.

[174] Zadeh L A. Fuzzy sets[J]. Information and Control, 1965, 8(3): 338-353.

[175] Ruan D, Kerre E E. Fuzzy implication operators and generalized fuzzy method of cases[J]. Fuzzy Sets and Systems, 1993, 54(1): 23-37.

[176] Kosko B. Fuzzy entropy andconditioning[J]. Information Science, 1986,40(2): 165-174.

[177] Higashi M, Klir G J. Measures of uncertainty and information based on possibility distributions[J]. International Journal of General Systems, 1983, 9(1): 43-58.

[178] Witten I H, Frank E. Data Mining Practical Machine Learning Tools and Techniques[M]. Missouri: Elsevier Inc. , 2005.

［179］ McCulloch W S, Pitts W. A logical calculus of the ideas immanent in neurons activity［J］. Bull Math Biophys, 1943, 5: 115-133.

［180］ 王洪元,史国栋. 人工神经网络技术及其应用［M］. 北京:中国石化出版社,2002.

［181］ Haykin S. 神经网络原理［M］. 叶世伟,等译. 北京:机械工业出版社,2004.

［182］ Demuth H, Beale M, Hagan M. Neural Network Toolbox User's Guide［M］. Natick: The MathWorks, Inc. , 2009.

［183］ Speeh D F. Probabilistic neural networks［J］. Neural Networks, 1990, 3(2): 109-118.

［184］ 史峰,王小川. Matlab 神经网络 30 个案例分析［M］. 北京:北京航空航天大学出版社,2010.

［185］ Hand D J, Till R J. A simple generalization of the area under the roc curve for multiple class classification problems［J］. Machine Learning, 2001, 45(2):171-186.

［186］ 周颜军,王双成,王辉. 基于贝叶斯网络的分类器研究［J］. 东北师大学报(自然科学版),2003,35(2):21-27.

［187］ 王书海,刘刚,綦朝晖. BIC 评分贝叶斯网络模型及其应用［J］. 计算机工程,2008,34(15):229-231.

［188］ Schwarz G. Estimating the dimension of a model［J］. Annals of Statistics, 1978, 6(2): 461-464.

［189］ Hirotugu A. A new look at the statistical model identification［J］. IEEE Transactions on Automatic Control, 1974, 19(6): 716-723.

［190］ Campos L M D. A scoring function for learning Bayesian networks based on mutual information and conditional independence tests［J］. Journal of Machine Learning Research, 2006, 7: 2149-2187.

［191］ Cooper G F, Herskovits E. A Bayesian method for the induction of probalilistic networks from data［J］. Machine Learning, 1992, 9(4): 309-348.

［192］ Cheng J, Bell D, Liu W. Learning Bayesian networks from data: an efficient approach based on information theory［C］. Proceeding of the Sixth ACM International Conference on Information and Knowledge Management, 1997.

附　　录

附录Ⅰ　影响判决结果的因素列表

编号	因　素
CJ_37	争议工程或工作被包括在发包人承担的风险中
CJ_1	争议工程或工作不在合同中
CJ_13	争议工程或工作被包括在承包人承担的风险中
CJ_41	变更引起的价款或工期增加需要业主同意
CJ_7	合同约定变更需要发包人批准
CJ_2	合同约定书面形式的变更令
CJ_29	承包人发出变更通知
CJ_3	发包人或代理已知争议工程或工作变更
CJ_30	承包人提出过要求更多价款或时间
CJ_25	发包人发出变更令或批准承包人的变更通知
CJ_33	通知并非书面形式
CJ_8	发包人同意改变价款
CJ_39	发包人在结算前表示过不同意争议对象相关价款的变更
CJ_31	监理工程师批准变更
CJ_32	监理工程师有处理变更价款的权力
CJ_22	发包人同意不减少工程款
CJ_23	承包人同意不增加工程款
CJ_21	发包人同意延长时间
CJ_24	承包商同意工程不延期
CJ_10	变更是由承包人原因引起的
CJ_42	变更是发包人的工作或发包人承担的风险导致的
CJ_43	验收已通过

124

编号	因　素
CJ_19	竣工结算中不包括争议工程或工作的价款
CJ_15	争议工程或工作已经被结算过
CJ_18	争议工程或工作没有完成
CJ_4	纠纷关于时间
CJ_5	纠纷关于工程款
CJ_27	争议工程或工作的相关款项可以证明
CJ_26	争议工程或工作需要花费的时间可以证明
CJ_40	权利主张者是发包人
CJ_41	权利主张者是承包人
R1	结果是发包人胜诉
R2	结果是发包人败诉
R3	结果是承包人胜诉
R4	结果是承包人败诉

附录Ⅱ　make_tree_1 程序

```
test_patterns=find(any(patterns, 2)==0);
[NumTotal, L]  = size(patterns);
Uc= unique(targets', 'stable', 'rows');
tree. dim= 0;%记录第几个属性被选择,一旦属性个数发生变化,值也相应变化
tree. name=0;%记录节点的名称,在原数据中的名称
tree. pro=zeros(1, size(targets, 1));%记录分类概率,只有叶节点才不为 0
tree. level=0;%在树中的层次

S_att_3=zeros(1, size(targets, 1));
      for i_att=1:size(targets, 1)
           S_att_3(i_att)=sum(targets(i_att, :))/L;
      end

      zero_judge=any(any(patterns));


      if(any(S_att_3>= correct)|(isempty(patterns))|(size(find(any(Uc, 1)))<=1)|
isempty(len_att)|~zero_judge)
      tree. Nf=[];
```

```
            tree. child=□;

            tree. pro=S_att_3;
            tree. level=0;
            return
            end
    Ni=length(len_att);
    %tree. child(1:maxNbin)= zeros(1, maxNbin);
    %When to stop: If the dimension is one or the number of examples is small
    %所有数据都属于一个类
    %For each dimension, compute the gain ratio impurity
    %This is done separately for discrete and continuous patterns
    delta_Ib      = zeros(1, Ni);
    %计算 G(Att)
    for i =1:Ni,
        num_att_i=len_att(i);
        data_expasion=zeros(num_att_i, L);
        if(i==1)
            data_expasion=patterns(1:num_att_i, :);
        else
            data_expasion=patterns((sum(len_att(1:(i−1)))+1):(sum(len_att(1:(i−1)))+num_
att_i), :);
        end
            delta_Ib(i)=attclass(data_expasion, targets);
    end
    %结束
    %Find the dimension minimizing delta_Ib
    %[m, dim]      = min(delta_Ib);
    [dim, m]      = min_nonnegtive(delta_Ib);
    if(dim==−1)
        tree. Nf=[];
        tree. child=□;

        tree. pro=S_att_3;
        tree. level=0;
        return
    end
    dims            =1:Ni;
    dims(dim)=[];
    tree. dim       = dim;
    %Split along the 'dim' dimension
    data_exp_dim=zeros(len_att(dim), L);
    data_left=zeros(sum(len_att)−len_att(dim), L);
```

```
if(dim==1)
    data_exp_dim=patterns(1:len_att(1), :);
    data_left=patterns((len_att(1)+1):end, :);
else
    data_exp_dim=patterns(sum(len_att(1:(dim-1)))+1:sum(len_att(1:dim)), :);
    data_left=[patterns(1:(sum(len_att(1:(dim-1)))), :);patterns((sum(len_att(1:dim))+
1):end, :)];
end
index_exist=zeros(1, 1);
index_exist=find(any(data_exp_dim', 1));
Nbins     = length(index_exist);
tree. Nf = index_exist;
tree. name=name_att(dim);
if (Nbins ==1)
    tree. dim=0;
    tree. name=0;
    tree. pro=S_att_3;
    tree. level=0;
    tree. Nf=[];
    tree. child=[];
    return
end
for i =1:Nbins,
        if(dim==1)
            data_att_dim_i=patterns(index_exist(i), :);
        else
            data_att_dim_i=patterns(sum(len_att(1:dim-1))+index_exist(i), :);
        end

        indice_data_att_dim_i=find(data_att_dim_i);
          if (isempty(data_left)|(~any(data_att_dim_i))),
            S_att_2=zeros(1, size(targets, 1));
            if (~any(data_att_dim_i))
                for i_att=1:size(targets, 1)
                S_att_2(i_att)=sum(targets(i_att, :))/L;
                 end
            else
              for i_att=1:size(targets, 1)
                  S_att_2(i_att)=subsethood(data_att_dim_i, targets(i_att, :));
              end
            end

            tree_leaf. dim=0;
```

```
        tree_leaf. name=0;
         tree_leaf. pro=S_att_2;
          tree_leaf. level=0;
         tree_leaf. Nf=[];
         tree_leaf. child=[];


         tree. child(i)=tree_leaf;

     %break   1022, 11:05
         continue;
       end

     targets_new=zeros(size(targets, 1), length(indice_data_att_dim_i));
     patterns_new=zeros(size(patterns, 1), length(indice_data_att_dim_i));
     for i_target=1:size(targets, 1)
  targets_new(i_target, :)=intersection([targets(i_target, indice_data_att_dim_i);data_att_dim_i
  (indice_data_att_dim_i)]);
       end
       [row_pn, column_pn]=size(data_left);
       for j=1:row_pn
         patterns_new(j, :)=min(data_left(j, indice_data_att_dim_i), data_att_dim_i(indice_
  data_att_dim_i));
       end


     S_att=zeros(1, size(targets_new, 1));
     for i_att=1:size(targets_new, 1)
  S_att(i_att)=subsethood(data_att_dim_i(indice_data_att_dim_i), targets(i_att, indice_data_att_
  dim_i));
       end

     len_att_new=len_att;
     len_att_new(dim)=[];
     name_att_new=name_att;
     name_att_new(dim)=[];

if(any(S_att>=correct)|(L==1)|(size(Uc, 2)==1)|isempty(patterns_new)|isempty(name_
att_new)|(~any(any(patterns_new))))
         tree_leaf. dim=0;
         tree_leaf. name=0;
         tree_leaf. pro=S_att;
          tree_leaf. level=0;
```

```
                tree_leaf. Nf=[];
                tree_leaf. child=[];
                tree_leaf. name=0;

                tree. child(i)=tree_leaf;

            else
                index_patterns_new=any(patterns_new, 2);
                tree. child(i)= make_tree_1(patterns_new, targets_new, correct, len_att_new, name_
att_new);
            end

        end
```

附录Ⅲ use_tree_1 的程序

```
function targets = use_tree_1(patterns, name_att, tree, len_att, num, index)
%Classify recursively using a tree
targets = zeros(num, size(index, 2));
if (tree. dim ==0)
    %Reached the end of the tree
    for i_index=1:length(index)
        targets(:, index(i_index)) = tree. pro;
    end
    return
end
%This is not the last level of the tree, so:
%First, find the dimension we are to work on
dim = tree. dim;
len_att_new=len_att;
name_att_new=name_att;
name_att_new(dim)=[];
len_att_new(dim)=[];
if dim==1
    data_exp_dim=patterns(1:len_att(1), :);
    dims=(len_att(dim)+1):size(patterns, 1);
else
    data_exp_dim=patterns(sum(len_att(1:(dim−1)))+1:sum(len_att(1:dim)), :);
    dims=[1:sum(len_att(1:(dim−1))), (sum(len_att(1:dim))+1):size(patterns, 1)];
end
index_exist=zeros(1, 1);
index_exist=find(any(data_exp_dim', 1));
```

```
Uf= index_exist;
target_value=zeros(length(Uf), num, size(patterns, 2));
for i =1:length(Uf),
      if any(Uf(i) == tree. Nf) %Has this sort of data appeared before? If not, do nothing
            if dim==1
                  id_att=Uf(i);
            else
                  id_att=sum(len_att(1:(dim-1)))+Uf(i);
            end
            in=index;
            if isempty(in)
                continue;
            end
            temp= use_tree_1(patterns(dims, :), name_att_new, tree. child(find(Uf(i) ==
tree. Nf)), len_att_new, num, in);
            for j=1:length(in)
                  target_value(i, :, in(j))=patterns(id_att, in(j)). * temp(:, j);
            end
      end
   end
   targets=reshape(max(target_value, [], 1), num, size(index, 2));
end
```

附录Ⅳ   Matlab 代码

```
xlsfile='F:\cys\data\prediction\Change_judgement_matrix_resultunique_weight_1_1 021';
[data, label]=getdata(xlsfile);
N = size(data, 1);
cv = cvpartition(label, 'kfold', 15);
score = zeros(1, N);
score_pnn=zeros(1, N);
result_value=[1, -1];
positive_class=1;
index_pos=find(result_value==positive_class);
[train_data_w, train_result_w]=unique_process(data, label, result_value);
train_data_w=train_data_w';
train_result_w=train_result_w';
%Loop over folds
for k=1:10
    % Get training and test indices
    istrain = training(cv, k);
    istest = test(cv, k);
```

```
%生成可用数据
[train_data, train_result]=unique_process(data(istrain, :), label(istrain, :), result_value);
test_data=data(istest, :);
test_result=label(istest, :);
%生成神经网络
net=feedforwardnet([30]);
net.layers{1}.transferFcn = 'purelin';
net.layers{2}.transferFcn='logsig';
net.divideParam.trainRatio=1;
net.divideParam.valRatio=0;
net.divideParam.testratio=0;
net = train(net, train_data', train_result');
view(net)
%测试数据输出
test_out=sim(net, test_data');
num_test=size(test_out, 2);
test_original=zeros(num_test, 1);
for i=1:num_test
    [~, index]=max(test_out(:, i));
    test_original(i)=result_value(index);
end
%roc画法
score(istest) = test_out(index_pos, :);
%生成概率可用数据
train_pnn_data=data(istrain, :);
train_result=result_expand(label(istrain, :), result_value);
    %生成神经网络
pnnnet = newpnn(train_pnn_data', train_result', 1);
test_out_pnn = sim(net, test_data);
num_test_pnn=size(test_out_pnn, 2);
test_original_pnn=zeros(num_test_pnn, 1);
for i=1:num_test_pnn
    [~, index_pnn]=max(test_out_pnn(:, i));
    test_original_pnn(i)=result_value_pnn(index);
end
%roc画法
score_pnn(istest) = test_out_pnn(index_pos, :);
end
[fpr, tpr, ~, auc] = perfcurve(label, score', 1);
plot(fpr, tpr);
```